中国石榴文化

郝兆祥　赵亚伟　丁志强◎编著

中国林业出版社

图书在版编目（CIP）数据

中国石榴文化 / 郝兆祥，赵亚伟，丁志强编著 . --
北京：中国林业出版社，2019.9

ISBN 978-7-5219-0243-3

Ⅰ . ①中… Ⅱ . ①郝… ②赵… ③丁… Ⅲ . ①石榴—
文化—中国 Ⅳ . ① S665.4

中国版本图书馆 CIP 数据核字 (2019) 第 186284 号

策划编辑　　何增明

责任编辑　　张　华

出版发行　　中国林业出版社
　　　　　　（北京市西城区德内大街刘海胡同 7 号）

邮　　编　　100009

电　　话　　（010）83143517

印　　刷　　固安县京平诚乾印刷有限公司

版　　次　　2019 年 9 月第 1 版

印　　次　　2019 年 9 月第 1 次

开　　本　　710mm×1000mm　1/16

印　　张　　15

字　　数　　310 千字

定　　价　　68.00 元

编著委员会

主任
李 义

副主任
赵亚伟　张庆春　郝兆祥　皮衍鑫　丁志强

编审
张庆春

主编著
郝兆祥　赵亚伟　丁志强

副主编著
梁福锦　侯乐峰　皮衍鑫　罗 华　毕润霞

其他编著人员
（以姓氏汉语拼音为序）

陈 颖　丁 宁　郝 丹　郝玉亮　李体松

马丹丹　马 敏　孟 健　沈 伟　王春雷

王庆军　王艳芹　杨守芳　姚 方　张立华

赵登超　赵丽娜

江寒汀（1903–1963）《八哥石榴》

序

Foreword

石榴原产伊朗、阿富汗、高加索等国家和地区，西汉时经丝绸之路传入中国。经过2000多年的传播发展，其分布范围几乎遍及我国各地。伴随着人们对石榴更深入、更广泛的认知和利用，石榴文化随之产生。石榴寓意吉祥，是古代人民三大吉祥果之一。石榴象征团圆、和谐、幸福，象征民族团结、统一，象征多子多福、金玉满堂，象征爱情、友情、亲情，同时也是姓氏的象征、辟邪趋吉的象征。石榴成为人们内在情感、观念的表现主题之一，成为中国文化的一个重要符号和重要组成部分。

目前，中国是世界上重要的石榴生产大国，种植规模和产量均居世界前列。这无疑是得益于石榴科学技术的进步和石榴文化的双重推动。改革开放以来，我国石榴主要产地都立足资源禀赋开展了丰富多彩的石榴文化活动，在宣传石榴产品和产地、促进石榴生产和消费、推动石榴产业和石榴文化发展上均起到了很好的效果。

山东省枣庄市峄城区是中国石榴主产地之一，是著名的"中国石榴之乡"，享有"冠世榴园·匡衡故里"的盛誉，经过40年的产业化历程，已初步形成了一、二、三产业协调发展的石榴产业化格局。近年来，建成了国内规模最大、水平最高的石榴盆景盆栽园，国内唯一的、保存300多份种质的国家级石榴种质资源库，国内首座以"传播石榴科技、弘扬石榴文化"为宗旨的中国石榴博物馆；承办了中国园艺学会石榴分会第一届会员代表大会暨全国首届石榴生产与科研研讨会、中国石榴产业发展圆桌峰会、国家石榴产业科技创新联盟筹备大会等国内影响力较大的学术会议，成为国内重要的石榴生产、科研基地之一。

山东省枣庄市石榴研究中心高级工程师郝兆祥及其团队，依托当地历史悠久的石榴栽培经验和丰富的石榴种质资源，长期致力于石榴种质资源收集保存、创新利用等科研推广的同时，也致力于石榴文化领域的研究，为使学界和民众对石榴丰厚文化价值有更为系统立体的认知，将其石榴文化领域的研究成果编撰成书。以期为促进我国石榴文化旅游产业可持续发展提供强大的、持久的、内在的动力。

全书内容融学术性与趣味性、知识性与文学性于一体，是国内第一部以中国石榴文化为视角的专题著作。作者站在中国石榴产业全局的高度，视野开阔、立意新颖、资料翔实、考证严谨，文笔轻松、自然、风趣，读来兴趣盎然，相信定会为相关科研工作者和植物文化爱好者提供崭新的借鉴视角。该书的出版发行填补了国内石榴文化研究领域的空白，相信对于进一步弘扬石榴文化、加快石榴文化产业发展等也将起到里程碑式的促进作用。

南京林业大学教授、博士生导师
国际园艺学会石榴工作组主席

范兆和

2019年6月25日

前言

Preface

　　《中国石榴文化》是枣庄市石榴研究中心研究团队10余年来系统研究成果的汇编。

　　石榴是随着人类文明的发展而诞生的果树，距今至少有5000年以上的栽植历史。在其漫长的传播蔓延过程中，世界各地都繁衍积淀出精彩纷呈的文化寓意。西汉时传播到中国之后，更被中国古人赋予了诸多美好的象征意义，成为一种寓意吉祥、国人喜爱的文化植物。

　　石榴文化是中国传统文化、森林文化、植物文化的重要组成部分。中国传统文化是中华民族智慧与心灵的载体，是中华民族生存和发展的根基。悠久的森林文化、植物文化，是中国传统文化的重要组成部分，而石榴文化则是森林文化、植物文化中一个重要分支。石榴是物质文明建设的重要资源，并渗透和凝聚于精神文化之中，构成了中国传统文化的独特色彩，积淀成为源远流长的中国石榴文化。

　　石榴作为一种舶来的普通果树，在中国通过2000多年的繁衍发展，其分布范围几乎遍及全国各地，在人们日常生活的方方面面都可寻觅到石榴的踪影，这是其他果树不多见的。除了适应性强的生物学特性外，其用途多样性的文化内涵和美好象征意义的文化外延也是其重要原因。其营养、保健、观赏、生态价值等"物质属性"，已与人们的物质生活密不可分，尤其在石榴主产区，已是果农赖以生存的经济来源，也是该地区的重要支柱产业；石榴作为人民崇尚吉祥、向往和谐、追求幸福的"精神属性"，与中华民族的传统文化已是水乳交融，并随着时代的变迁赋予了新的含义，是一笔不可替代的重要精神财富。

　　总之，在保护、继承、传播、弘扬传统石榴文化的基础上，中国石榴文化发展到现阶段，已经成为区域经济发展的有效载体，成为区域生态旅游产业的特色亮点，成为区域城市形象和改革开放的特色标志，成为文化产业建设的一个组成部分，对于促进区域经济、社会、文化发展，已经且将继续起到巨大的促进作用。

改革开放以来，中国石榴产业迅速发展，以节会为特色的石榴文化活动方兴未艾，产业发展带动石榴科技、文化研究，科技、文化研究驱动产业发展的态势正在形成。但是到目前为止，石榴文化研究仍然远远滞后于石榴科技创新和石榴产业的发展。为此，我们借鉴植物文化研究一般经验和方法，以搜集、整理与石榴有关历史典籍为主线，通过盘点古籍、梳理脉络、分析讨论，从石榴的起源、传播、农事活动、节庆民俗、传说典故、文化寓意、功能利用、地域文化等不同角度、不同层面，力求对石榴文化进行系统地归纳、总结和研究，以"石榴业界"局外人的视角，管窥石榴文化的悠久历史和博大精深，以期业界先学批评指正。

本书打破常规章、节编排的结构，以各篇文章独立编排、更便于读者轻松阅读的方式，系统介绍了世界和中国石榴的起源、传播，中国石榴文化的历史与现状、内涵与外延，以及石榴资源与石榴文化、石榴科技与石榴文化、节庆和民俗与石榴文化、文化艺术和民间工艺与石榴文化、功能利用与石榴文化、峄城地域石榴文化等内容，最后简要介绍了部分国外的石榴文化。为使内容更为丰富、翔实，同时收录了一部分其他单位和人员的研究成果。

本书既可作为高等院校果树学等专业森林文化、植物文化教学的参考书和石榴集中产地的乡土教材，也可供石榴科研、生产、经营从业人员和对石榴文化感兴趣者借鉴和参考。我们期待，本书的出版发行，将会对国内石榴文化研究和石榴产业发展起到积极的促进作用。

本书编撰过程中，得到了中国农业科学院郑州果树研究所研究员曹尚银、南京林业大学教授苑兆和、枣庄市林业局原副局长王家福、枣庄市峄城区政协原副主席梁仁言以及国内众多石榴生产、科研领域同仁的大力支持；本书的出版，得到了枣庄市峄城区公共文化创作项目、枣庄英才聚集工程项目（枣政办字【2016】23号）的大力支持，在此一并表示最诚挚的感谢！

限于编著者水平和掌握资料有限，本书难免有遗漏和错误、不足之处，敬请读者不吝赐教，给予批评指正。

郝兆祥

2019年6月于山东枣庄

目录 C O N T E N T S

目录 C O N T E N T S

宋·佚名《榴枝黄鸟图》

引言

石榴（*Punica granatum* L.），属于石榴科（Punicaceae）石榴属（*Punica* L.）果树，原产伊朗、阿富汗和高加索等地区，向东传播到印度和中国，向西传播到地中海周边国家及世界其他各适生地。石榴在我国有着悠久的栽培历史。《博物志》记载"汉张骞出使西域，得涂林安石国榴种以归"。因此，学者普遍认为石榴是在西汉时（公元前1世纪至公元前2世纪）经丝绸之路传入中国。在中国石榴首先在新疆叶城、疏附一带盛行栽培，而后传入陕西、河南、山东、安徽。发展到现在，石榴在中国的栽培极为广泛，分布范围遍布大半个中国，除东北三省、内蒙古、新疆北部等极寒冷地区外，都有石榴分布。石榴栽培总规模约12.8万hm²，年产量约170万t。陕西、河南、山东、安徽、四川、云南、新疆等省（自治区）石榴栽培历史悠久，栽培规模集中，成为中国石榴产业发展的主要产区。

伴随着石榴的传播和石榴产业的发展，石榴文化应运而生。从广义上讲，石榴文化分自然科学和社会科学两方面，是指人类社会历史实践过程中所创造的与石榴有关的物质财富和精神财富的总和。它以物质为载体，反映出明确的精神内容，是物质文明与精神文明高度和谐统一的产物，是一种中介文化。从狭义上讲，着重于石榴的社会科学，主要指石榴的精神功能和社会功能。因为石榴的自然科学已经形成独立的体系，所以通常意义上的石榴文化偏重于石榴的精神生产和创造的精神财富。

中国石榴文化就是以石榴为载体的中国文化。石榴自西汉传入中国以来，其独具特色的形态特征和内在品质，与传统的中国文化相吻合，造就了富有中国特色的以吉祥为主题的石榴文化。中国石榴文化历史悠久，有着丰厚的历史积淀，其表现形式多种多样，几乎渗透到中国传统艺术和重要仪式等社会活动的方方面面，形成一种相沿成习的文化现象和历史文化传承。石榴在中国传统文化中，被视为吉祥果，喻为团圆、和谐、团结、喜庆、红火、繁荣、昌盛、和睦、多子多福、金玉满堂、爱情、友情以及辟邪趋吉的象征。发展到现阶段，石榴则成为促进经济繁荣、社会发展的一个有效载体，成为打造生态旅游产业最具特色的亮点，成为城市形象、对外开放的标志，成为中华民族团结、统一和中外经济文化交流的象征，成为森林文化、植物文化和现代文化产业的重要组成部分。

四川省会理县鹿厂镇铜矿村石榴基地 （王启凯摄影）

世界石榴的起源、传播与分布

世界石榴的起源、传播

石榴是一种古老的果树，是由野生石榴经过人工选择和引种驯化进而演变成栽培种，现在西亚的伊朗、阿富汗和俄罗斯南部，从海拔300m到1000m的山区都可找到成片的野生石榴丛林。由于地理和气候条件的差异，野生石榴产生了变异，形成了现在丰富多彩的类型、品系和品种。

石榴的原产地应是西亚的伊朗、阿富汗及印度西北部地区。据考证，石榴的原产地在伊朗的扎格罗斯山。考古学家在伊拉克境内发掘的距今4000～5000年的乌尔王朝废墟，在苏布阿德王后的墓葬中，发现皇冠上镶嵌着石榴图案。它代表着光辉灿烂的"两河流域"古代文明，说明当地居民已利用了石榴树，并作为珍贵的果品（曲泽洲和孙云蔚，1990）。以航海和经商著称的迦太基人（Carthaginian）对石榴的传播起了很大作用。因此地中海沿岸的人称石榴为"菲尼莎"（Punicus），现在石榴属的学名Punica即源出于此。说明石榴于古希腊时代已传到欧洲和北非。在古代欧洲称石榴为Malum punicum（Apple of carthage），即"迦太基苹果"。

在伊朗（波斯）有史以前已有石榴种植，阿富汗等地在古代也有栽培，在巴比伦的庭院中常种有石榴树。古代由叙利亚将石榴传入埃及，而地中海的气候适于石榴的生长发育，因此在这一带得到了发展。在距今3000年前的埃及法老王第18世的古墓壁画上，已雕刻有硕果满枝的石榴树。反映公元前10世纪到公元前8世纪历史的《荷马史诗》和希腊神话中，在谈到葡萄、橄榄和无花果的同时，都不止一次地提到"火红的石榴"，还说在很多地方，石榴树一年四季都能开花结果。以后逐渐扩大到南欧一带及欧洲中部。1492年哥伦布发现新大陆后，把石榴传到美国，主要分布在东南部各州，以后经墨西哥

意大利 桑德罗·波提切利作品，创作于1483年。现存放于意大利弗罗伦萨乌美兹美术馆 （苑兆和供图）

又传入南美洲各地。

亚历山大远征时把石榴带到印度，由于佛教僧侣的活动，把石榴传到东南亚和柬埔寨、缅甸等国。公元7世纪唐玄奘在《大唐西域记》中，记载印度很多地方种植石榴，有的一年四次开花，两次结果；还有无核石榴是专门给皇帝进贡用的（孙云蔚，1983；曲泽洲和孙云蔚，1990）。

据说石榴传入我国是在公元前2世纪，张骞出使西域时把石榴与葡萄、苜蓿等同时带到我国，遂后又由我国传至朝鲜、日本。因此石榴分布较广，几乎已遍及温、热带各个国家。日本石榴是由中国引入，但其年代不清，只于平安朝时代的末期到镰仓时代出现过"石榴"的名称。在《倭名类聚抄》中也有石榴的记载，但当时是否已有石榴栽培，还有待证实。

世界石榴的分布

石榴是人类引种栽培最早的果树和花木之一。目前，在亚洲、非洲、美洲、欧洲等40多个国家栽培面积较广，并实现商品化生产。据统计，世界上石榴种植总面积超过60余万hm^2，总产量超过600余万t。主要的石榴生产国是印度、伊朗、中国、土耳其和美国，这些国家的石榴产量占世界总产量的75%。阿富汗、阿塞拜疆、以色列、西班牙、突尼斯、智利、摩洛哥、墨西哥、阿根廷、意大利、巴基斯坦、土库曼斯坦、亚美尼亚、利比亚、吉尔吉斯斯坦、乌拉圭、克罗地亚、希腊、秘鲁、埃及、乌兹别克斯坦、俄罗斯、黎巴嫩、澳大利亚、乌克兰、伊拉克、韩国、约旦、阿尔及利亚、泰国、越南、缅甸、阿曼、日本、苏丹等国家也有规模不等的石榴商品化生产。

中国石榴的引入、传播与分布

中国石榴的引入

据西晋张华（232—300）编撰的《博物志》记载：汉代使臣张骞出使西域，在涂林安石国带回了安石榴。其中"安国"，系指今日的布哈拉；"石国"系指今日的塔什干。说明石榴是沿着新疆、甘肃、陕西等省（自治区）由"丝绸之路"进入内地。到刘歆著

宋·佚名《阿房宫图》

《西京杂记》（5世纪）时，记述了汉武帝在长安修建"上林苑"，群臣百官从各地献奇花珍果时，其中就有安石榴。元代有句诗"乘槎使者海西来，移得珊瑚汉苑栽"，其中"珊瑚"就是对石榴的美称。东汉张衡（78—139）在《南都赋》中记有"楟枣若留"之句，蔡邕（133—192）在《翠鸟诗》中也有"庭陬有若榴"之句，说明在陕西、河南已广泛种植。及至贾思勰著《齐民要术》（6世纪）时，已对石榴繁殖和栽培技术等作了详细的记载。

另有一说，石榴是由波斯经印度带进来的。引进的时间比张骞晚500年，估计是在3世纪时引进的。据拉发（Laufer）氏的研究，认为张骞引进石榴的证据不足，桑原氏也认为，石榴是在张骞以后的时代才引到中国的。据日本学者考证，安石榴是"安石+榴"而成。但安石指的是汉代西域的安息国（Parthia），今天是伊朗的地方。"榴"是由古代伊朗语的音译而来，是"小粒"的意思。学名的granatum即是Granum（Grain）粒子之意。英语的石榴Pomegranate，其语源即是"由粒子组成的果实"。

石榴另一个别名，称为"丹若"。如从"丹若"的发音来看与Tanzo，Dan-zag，Dan-yak的音相似，这些词在伊朗语是"小粒"的意思。"丹若"应是石榴的真正音译名。而持反对意见者则称："丹若"出自崔豹的《古今注》，当时怎能知伊朗方言？至于"涂林安石榴"一名，"安石"二字虽然作了解释，而"涂林"二字也是从"Touria"地名音译而来；德国学者F. Hirth氏认为"涂林"是从梵语石榴（Darin）音译而来。因此桑原隲藏氏（1933）说：石榴是从身毒（印度）及其附近地方首先引进中国，因而才得到了梵

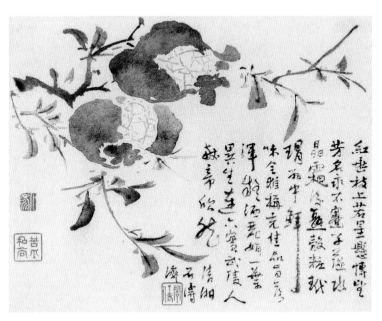

清·石涛《石榴》

语石榴"涂林"的名字，以后又从其原产地的安息国引进，才得到"涂林安石榴"的全名。所以桑原认为：石榴是在张骞以后的时代才传入中国（孙云蔚，1983；曲泽洲和孙云蔚，1990）。

这些外国人的考证不无错误（吴耕民，1984），因据张衡的《南都赋》有"陪京之南，居汉之阳，割周楚之丰壤，跨荆豫而为疆。……若其园圃，则有蓼蕺……乃有樱梅山柿侯桃梨栗楺枣若留欀橙邓橘"之记载。张衡生于1世纪后期，死于2世纪初期永和四年即公元139年，他的《南都赋》大约作于1世纪末，赋中已有若留植于南阳的园中，则其传入至迟在1世纪或更早，因之拉发氏谓3世纪传入我国内地之说是不可信的。

从以上古代文献考证，石榴在汉代由西域传入是无疑的。石榴传入我国的路线，大概从中亚一带，最初传至新疆，汉代传入陕西，以后至河南、山东、安徽直到全国各地。

中国石榴的传播

石榴由张骞出使西域而引入，所以引种初期，石榴主要栽植于京城长安附近的御花园"上林苑"和骊山的温泉宫（即今华清池）内，是供皇子后妃观赏的。后来，石榴由观赏转入实用，由皇帝的御用之物成为平民普遍种植的果树，并逐步由长安推广到全国各地。

除《西京杂记》中记载上林苑有"安石榴十株"以及后世张华等人称张骞出使西域带回石榴之外，在其他与西汉有关的文献中不见著录。

到东汉、魏晋南北朝时期，从石榴受到大量士人学者讴歌中可以看出石榴已经有广泛种植，而成为东汉及魏晋南北朝时期人们园篱中的佳果。如果说西汉时期的石榴还以皇家宫苑种植饷馈外宾、赏赐权臣和以供观赏为主，那么此时则开始融入普通士人阶层乃至民众的生活。

据史书记载，东汉时期陕西、河南存在民间栽培的石榴。至3世纪时，在《广志》上就有"安石榴有甜、酸二种"的记载；东晋葛洪著《抱朴子》中记有"积石山有苦榴"（积石山，在今青海东南部，延伸至甘肃南部边境）；《京口记》载有"龙刚县有石榴"（龙刚县始设置于晋，属桂林郡，见《晋书·地理志下》）；《御览》卷九七○引有："《襄国志》曰：'龙岗县有好石榴'（襄国即今河北邢台，为东晋十六国时后赵石勒所都，石虎迁都于邺，改为襄国郡，《襄国志》是后赵的京都志，则后赵曾在襄国京畿建置有龙岗县）"，说明当时石榴分布范围已相当广泛。

另据北魏杨衒之的《洛阳伽蓝记》记载"白马寺，汉明帝所立也……浮屠前，奈林蒲萄异於馀处，枝叶繁衍，子实甚大。奈林实重七斤，蒲萄实伟於枣，味并殊美，冠於中京。帝至熟时，常诣取之，或复赐宫人。宫人得之转饷亲戚，以为奇味，得者不敢辄食，乃历数家。京师语曰：'白马甜榴，一实直牛'。"文中"奈林"即石榴，可见汉明帝时期（58—75），洛阳就已经有石榴的栽培，只是较为稀有，所以弥足珍贵。东汉张衡的《南都赋》中有"樗枣若榴，穰橙邓橘"，则说明此时石榴在洛阳的栽培渐渐普及，并向周边区域拓展。曹植（192—232）的《弃妇》诗中也有"石榴植前庭，绿叶摇缥青"的句子。魏晋年间，函谷关之外的华北平原之间赋咏石榴的学者蜂起，计有汝南南顿人（今河南项城西）应贞、荥阳人（今河南洛阳与郑州之间）潘岳叔侄、安平武邑人（今河北安平北）张载兄弟、泥阳人（今陕西铜川）傅玄、谯县人（今安徽亳州）夏侯湛等7人分别都有《石榴赋》或《安石榴赋》问世。石榴除了往河南的东传路线之外，据左思（3～4世纪）的《蜀都赋》"蒲陶乱溃，若榴竞裂"，说明还有一条沿古蜀道的南传路线。

在东晋期间，石榴以河南为中心向北向南继续传播。陆翙的《邺中记》（4世纪50～60年代）记载"石虎苑中有……安石榴，子大如碗盏，其味不酸，皆果之异者也"，"邺"即今河北临漳，是后赵的都城所在，石虎即后赵的皇帝，说明东晋时期，河北已经出现了本土化的名优品种。另一则资料源自《晋隆安起居注》"武陵临沅县安石榴，子大如碗，其味不酸，一蒂六实"，武陵郡在今湖南北部，说明在东晋时期，湖南也已出现了本土特色名优品种。石榴的品种在《广志》（公元270年前后）还只有"酸、甜二种"两个品种，东晋时如上述所说已有河北、湖南的两个地方品种，加上汉明帝时的"白马甜榴"，这一时期的石榴名优品种已经不少于5个。元嘉二十七年（450）拓跋焘南侵到建康时还曾要求当地人献上安石榴（《宋书·张畅传》）。

石榴在东汉、魏晋南北朝时期由关中向东、向南扩展。向东的传播线路是主要的，它的第一步由西汉的国都长安而到东汉的都城洛阳，第二步以洛阳为次级策源中心而分

白马寺　（王子霖摄影）

别向北部的河北、山东和向南部的湖北、湖南扩展。

隋唐时期随着国力强大，石榴受到人们的喜爱，作为果树，其种植得到大发展。石榴栽培至唐代进入全盛时期，曾出现"榴花遍近郊"的盛况。《全唐诗》中至少有93处描写石榴，或者与石榴有关。如《全唐诗·卷五》录有武则天一首《如意娘》："看朱成碧思纷纷，憔悴支离为忆君；不信比来长下泪，开箱验取石榴裙。"说明到武则天时石榴文化已深入人心。皮日休也歌咏食用石榴时像"嚼破水精千万粒"。

五代十国时期虽然局势动荡、战争频仍、民生凋敝，但石榴仍然受到人们的喜爱，五代诗人黄滔曾作诗一首《奉和文尧对庭前千叶石榴》，"一朵千英绽晓枝，彩霞堪与别为期。移根若在芙蓉苑，岂向当年有醒时。"称赞石榴开花时的缤纷艳丽。

宋元时期，石榴的栽培、采收、储藏和加工技术日趋精细，并得到全面推广。栽培范围进一步扩大，苏颂称"安石榴……今处处有之"；品种大量增加，仅《洛阳花木记》一书就记载了9个不同的品种："千叶石榴、粉红石榴、黄石榴、青皮石榴、水晶浆榴、朱皮石榴、重台石榴、水晶甜榴、银含棱石榴"。对石榴其他利用价值的认识加深，除药用外，"染墨亦良"，在周密撰写的《癸辛杂识》有详细描述"凡玉工描玉。用石榴皮计描之。则见水不脱去。"还知道石榴多食之害："损肺及齿"，并告诫："病人须戒之，以其性涩滞而汁恋膈成痰。"

明清时期，石榴生产的各项技术已经发展成熟，对石榴的利用方式也变得多种多样，除传统的食用和最早发现的药用外，还有酿酒、盆栽，作为观赏花木之用而赏其花艳丽。此外，云南、新疆等地区的石榴记载逐渐增多，说明石榴分布范围已经扩大到全国，姚旅的《露书》写到："……大理春时备四时之花，言尝二月买石榴……"，还有"石榴遍地皆有"的说法，并且培育出了优良石榴品种"阿迷石榴"。新疆的石榴，数南疆从喀什到和田一带的最好；而南疆的石榴，数皮山县的皮亚曼乡、叶城县的伯西热克乡和疏附县的伯什克然木乡三个地方的品质最佳，种植历史也最长。皮亚曼种植石榴已有数百年历史。维吾尔族人民对石榴尤为喜爱，称之为"阿娜尔"，许多姑娘取名"阿娜尔古丽"（石榴花）。在文学作品中，用"阿娜尔"形容女性的窈窕俊美，比喻人的心灵纯美。日常生活中，还有以石榴为珍物，互相馈赠的习俗。

据古农医书和地方志记载，河南省是我国石榴栽培最早的地方之一，有2000多年的历史。

西晋时河南已栽培石榴，据《花史》记载，石崇金谷园（在洛阳）

沈铨《石榴绶带图》　　|→|

佚名《石榴蜡嘴图》　　|↓|

南嫔沈铨写

有石榴，名石崇榴。到宋代，河阴石榴驰名京师，享誉海内。《东京梦华录卷二·饮食果子》中记有河阴石榴之名，由宋至元，河阴石榴一直盛名不衰。《琐碎录》记："河阴石榴名三十八者，盖中其只有三十八子。"《河南通志》记："石榴峪在河阴县东北二十里，汉张骞出使西域得涂林安石榴归植于此。""石榴出孟县者佳，今河阴产者亦佳。"《河阴县志》（1917）记"敖山（今广武山）有石榴峪（今荥阳县北邙乡刘沟村小赵峪沟），明时石榴著名之地也，子味甘而色红且巨，或得汉时张骞仙种延基。土产石榴自古著名，渣殊软，子稀而大且甘（今河阴软籽石榴），土人以仙石榴名之。"

明李时珍的《本草纲目》记"南召石榴皮薄如纸"；《南召县志》（1746）记"石榴本名若榴，出自安石国，故曰安石榴；灼若旭日栖扶桑，其在夕也，爽若烛龙吐光。"清吴其浚的《植物名实图考长编》记"南召石榴……味绝于洛中。"石榴在豫南早有栽培。在豫东《开封府志》《祥府县志》的"地理物产"部分也有关于石榴栽培的记载。明《峄县志》记载：石榴"尤佳它产，行贩江湖数千里，山居之民皆仰食焉。"说明山东种植石榴在明时已具规模。

中国石榴的分布

石榴在中国地理分布范围非常广泛，遍布大半个中国。北至北京、河北，南至海南，东至东海、黄海沿岸，西到新疆、西藏。在北纬20°～40°、东经76°～122°范围内，除东北三省、内蒙古、新疆北部等极寒冷地区外，都有石榴分布。分布区域跨越了热带、亚热带、温带三个气候带和暖温带大陆性荒漠气候、暖温带大陆性气候、暖温带季风气候、亚热带季风气候、亚热带季风湿润气候五个气候类型。中国石榴栽培规模约12.8万hm^2，年产量约170万t。历史悠久、产量较高的著名产区有陕西、河南、山东、安徽、四川、云南、新疆等地，栽培面积和产量约占中国石榴栽培总面积、总产量的90%。其中，陕西省西安市（临潼）、河南省郑州市（荥阳）、山东省枣庄市（峄城）、安徽省蚌埠市（怀远）和淮北市（烈山）、四川省凉山彝族自治州（会理）、云南省红河哈尼族彝族自治州（蒙自、建水）、新疆维吾尔自治区和田地区（策勒、皮山）和喀什地区（喀什、叶城）等是我国石榴栽培的著名产地。

石榴结子任汝西风齐璜摹裘

齐白石（1864－1957）《石榴结子》

石榴文化的历史

中国丰富的石榴资源和悠久的历史，成为中国石榴文化产生的物质基础。中国石榴文化的历史与石榴在中国的传播、发展的历史密切相关。石榴自西汉传入中国，在漫长的繁衍、传播、发展过程中，不断适应中国的地理环境和人文精神，形成了众多各具地方特色的品种品系资源，衍生出蕴涵丰富、寓意吉祥、形式多样的文化内涵。石榴在中国的传播和发展，不仅丰富了我国植物种质资源，而且对中国社会、经济、文化等各个方面产生了深远的影响。中国石榴文化的历史分为萌芽时期、发展时期和繁荣时期三个阶段。

萌芽时期

西汉至三国时期，是石榴引入、繁衍、传播的初始阶段。作为珍稀的外来物种，石榴传播发展的一般轨迹是皇家宫殿园林、达官贵族庭院、普通百姓庭院，历经数百年，石榴才由珍稀的外来物种，演变为部分普通百姓能够种植的树种。石榴被引入，并经缓慢传播，进入到古代部分百姓庭院种植，为石榴文化的萌芽奠定了物质基础。

这一时期，石榴开发利用，由单纯的园林绿化珍稀树种向庭院绿化、栽培果树树种的转变。石榴果实不仅作为果品食用，而且开始进入中药领域。约成书于汉末的《名医别录》将石榴作为中医药收入，列为下品。据考证，这是历史上首次对石榴入药的文字记载。

石榴花果并丽，深受社会各个阶层的喜欢，开始成为古人诗文意境的一个构成要件。汉朝无名氏《汉乐府诗·黄生曲三首之一》曰："石榴花葳蕤"，形容石榴花盛开且艳丽；汉朝蔡邕《翠鸟诗》曰："庭陬有若榴，绿叶含丹荣"，这和后人吟咏石榴"万绿丛中一点红"有异曲同工之妙。汉朝无名氏《黄门倡歌》曰："缝裙学石榴"，把红裙和艳红的石榴花联系起来，这可能就是石榴裙的雏形。其他文献亦出现对石榴的记载。张衡《南都赋》有"樗枣若留，穰橙邓橘"的记载，"若留"即石榴；刘歆《西京杂记》云："初修上林苑，群臣远方各献名果异树……安石榴榙十株。"

形成时期

西晋至南北朝时期，石榴在中国传播已较为广泛，且石榴栽植技术较为成熟，为石榴文化的形成和发展奠定了物质基础。贾思勰《齐民要术》详细记述了石榴的栽植、扦插、冬季防冻等方法，说明当时石榴在山东地区已经有栽培，且形成了一定栽培技术。潘岳《闲居赋》中，有"石榴蒲桃之珍，磊落蔓延乎其侧"之句，述其洛阳居室园林之盛况。

有关文献和诗赋明确记载，晋代或之前用石榴造酒，石榴用于解酒和治疗疾病，已经较为普遍。《齐民要术》记载，把干姜、胡椒末及石榴汁置入酒中后，火暖取温，制成胡椒酒，这一方法民间流传甚广；陶弘景《本草经集注》，将石榴列入果部的23味本草药物之一；潘岳《河阳庭前安石榴赋》曰："御渴疗饥，解醒止疾"。

北齐开始，出现了赠送石榴寓意多子多福的民俗。《北史》记载：北齐安德王高延宗娶李祖收之女为妃，文宣帝高洋来到李妃的娘家做客，李妃母亲呈献两个石榴。文宣帝不解其意，这时皇子的老师魏收说："石榴房中多子，王新婚，妃母欲子孙众多。"自此始，中国出现了用石榴预祝新人多子多孙的风俗，并衍生出各种各样的表现形式和表现手法，成为剪纸、年画、民谣、民歌等传统艺术不可或缺的重要素材。石榴作为一种吉祥物的载体，寄托了古人对生活的美好愿望和无尽遐想，从而使中国石榴文化进入了形成和发展的关键时期。

朋友间赠送石榴以示"送榴传谊"、鬓边插石榴花等民俗也开始出现在诗词中，美艳

福寿三多

的石榴裙开始成为美人的代名词。南朝萧纲的《和人度水》曰："带前结香草，鬓边插石榴"；何思澄的《南苑遇美人》曰："风卷葡萄带，日照石榴裙"；王筠的《摘安石榴赠刘孝威诗》曰："相望阻盈盈，相思满胸臆"。

西晋开始，石榴不仅是诗文意境的一个构成要件，而且开始成为诗文意境的中心意象，专门描写石榴的诗、赋等主流文学作品开始大量涌现，留下了诸多描写石榴、赞美石榴的绝世独篇。晋代潘尼《安石榴赋》曰："安石榴者，天下之奇树，九州之名果。是以属文之士，或叙而赋之，盖感时而骋思，赌物而兴辞"。文人墨客通过石榴这一中心意向来抒发情感，赋予了石榴更多的文化内涵和人格魅力。

繁荣时期

隋唐之后，石榴在中国进一步广泛传播，逐渐形成了陕西临潼、河南荥阳等久负盛名的石榴产地，出现了众多各具地方特色的品种品系资源，并衍生出蕴涵丰富、寓意吉祥、形式多样的文化内涵，使石榴文化发展更加繁荣。这一时期，描写石榴的诗词歌赋等文学作品大量涌现，李白、白居易、韩愈、李商隐、柳宗元、陆游、王安石、苏轼、欧阳修、徐渭、唐寅、吴伟业等文学大师都有吟咏石榴的诗词，助推了石榴诗词等文学作品达到历史高峰，出现了孔绍安的《侍宴咏石榴》、李白的《咏邻女东窗海石榴》、韩愈《题张十一旅舍三咏·榴花》、陆游的《山店卖石榴取以荐酒》等众多传世不朽佳作。石榴作为绘画的中心意向或构成要件，这个时期也大量地出现在古代画家的画笔下，传世佳作有徐渭的《折枝石榴图》《墨竹石榴图卷》、沈周的《卧游图》等。

石榴成为盆栽、盆景创作的主要树种之一。清朝嘉庆年间，苏灵著有《盆玩偶录》二卷，把盆景植物分为："四大家""七贤""十八学士"和"花草四雅"，其中石榴树被列为"十八学士"之一。

石榴被更广泛地应用于中药领域，孙思邈《备急千金要方》、唐慎微《证类本草》、李时珍《本草纲目》等中医著作均作了详细的记述，关于石榴入药的偏方、验方民间也流传甚广。石榴也作为一种天然的染料植物，开始应用于染布行业，明代初期刘基《多能鄙事》记载了使用皂斗子及酸石榴皮煮染的方法。各地民间亦传有用石榴皮染土布的方法。石榴寓意多子多福的吉祥图案，成为年画、剪纸、服饰纹样、建筑纹样、瓷器画、玉雕、木雕、砖雕等工艺美术最常见的素材。各地涌现了以"张骞引入石榴""拜倒在石榴裙下""石榴仙子""石榴花神钟馗"等众多关于石榴的神话、传说、典故。石榴作为素材，成为民歌、谚语、民谣、童谣、歇后语、对联、谜语等民间文学描绘的对象。

石榴作为团圆美满、多子多福、吉祥如意的象征，开始成为中秋、端午、七夕、重阳等传统节日，以及庆生祝寿、婚丧嫁娶、祭祀庆典等仪式、活动中不可或缺的寓意元素，并形成一种相沿成习的民俗文化现象。

白玉双石榴 （康欣欣供图）

石榴文化发展现状 ⌇

新中国成立后，尤其是改革开放以来，随着经济、社会的发展和生态意识的加强，石榴的经济、社会、生态价值得到进一步的肯定，在各石榴主产地，无论是石榴种植规模的扩张，还是石榴加工产业的发展、石榴科研水平的提升，均进入了快速发展阶段，产生了巨大的经济效益。同时，各地在继承、弘扬传统石榴文化内涵的基础上，赋予了更多新的时代内涵，助推了中国石榴文化发展，达到了新的历史鼎盛时期。

经济、社会发展的载体

石榴以其观赏、食用、药用、文化等多种功能，对石榴主产地的经济社会发展起到了媒介助推作用。陕西临潼、山东峄城、四川会理等国内各大石榴主产区，都以石榴为经济、社会发展的载体和媒介，定期或不定期举办各种形式的石榴节庆活动，做足做活石榴文章，以提升国内外的知名度，助推当地经济和社会发展。1988年10月，山东枣庄举办"枣庄市首届石榴节暨经济技术洽谈会"；1991年9月，陕西西安举办"中国·西安·临潼首届石榴节"；2005年9月，河南荥阳举办"第一届河阴石榴文化节"；2005年9月，云南蒙自举办"2005年中国·蒙自石榴节"；2007年9月，四川攀枝花举办"攀枝花国际石榴节暨2007全球小姐国际总决赛时装专场赛"；2009年9月，四川会理举办"中国·会理首届国际石榴节"（图2-6）；同年9月，山东峄城举办了"首届中国（峄城）石榴采摘节"；2010年10月，安徽淮北举办"第一届塔山石榴旅游文化节"。2013年9月，山东峄城召开"第一届世界石榴大会暨第三届国际石榴及地中海气候小水果学术研讨会"。2015年9月，河南荥阳举办"第一届中国石榴博览会"。2017年9月，云南永胜举办"首届软籽石榴节"。2018年9月，江苏泗洪举办"首届中国泗洪软籽石榴高峰论坛"，山东峄城举办"国家石榴产业科技创新联盟成立筹备暨石榴设施栽培技术交流会"；同年10月，安徽怀远举办"纪念改革开放四十周年庆祝首届中国农民丰收节暨第四届怀远石榴文化旅游节"。新疆叶城、皮山，云南建水、会泽，河南平桥、封丘、灵宝，河北元氏，山东曲阜等石榴产地也定期或不定期举办各种以石榴为媒介的节庆活动。各地石榴节庆期间，通过举办赏石榴花、采摘石榴果、评选石榴王、评选石榴仙子、展览展销石榴产品、举办石榴文化论坛、石榴书画摄影展览、文学采风等形式多样、内容丰富的活动，扩大对外宣传，提升影响力和知名度。

国内各大石榴主产区还建立了横向的中国石榴协作组织，定期轮流举办联谊会议，交流探讨各地石榴产业发展经验。2010年，经中国园艺学会批准，由中国农业科学院郑州果树研究所牵头，国内有关大学、科研与生产单位和人员组成，选举成立了中国园艺学会石榴分会。该分会分别于山东峄城（2010年、2013年）、陕西西安（2011年）、四川会理（2012年）、安徽淮北（2014年）、河南荥阳（2015年）、安徽怀远（2017年）、江苏泗洪（2018）连续召开了8届全国石榴生产与科研研讨会，进一步加强了国内石榴产业的交流和合作，促进了全国石榴生产、加工技术含量的提升。

各石榴主产地还充分利用石榴资源优势，大打石榴品牌仗。1996年，山东峄城被中国特产之乡推荐暨宣传活动组委会命名为"中国石榴之乡"；2008年，峄城石榴通过"国家农产品地理标志保护""国家地理标志产品保护"双认证。2002年，四川会理被中国特产之乡推荐暨宣传活动组委会命名为"中国石榴之乡"，同年，"会理石榴"取得国家注册商标；2009年9月，被20多个外国驻华使节授予"最值得驻华大使馆向世界推荐的中国石榴第一县"称号；2012年，被中国果品流通协会授予"中国石榴第一县"称号。2004年，云南蒙自被国家林业局命名为"中国名特优经济林石榴之乡"，2007年，蒙自石榴取得国家地理标志证明商标。2006年，陕西临潼石榴通过"国家地理标志产品保护"认证。2007年，河南荥阳被中国果品流通协会命名为"中国石榴之乡"，同年，荥阳石榴通过"国家地理标志产品保护"认证。2008年，安徽怀远石榴取得国家地理标志证明商标。2010年，云南建水石榴、蒙自石榴分别通过"国家农产品地理标志保护"认证。2011年，新疆喀什噶尔石榴取得"国家地理标志产品保护"认证，新疆皮山县皮亚勒玛甜石榴通过"国家农产品地理标志保护"认证。各地通过争创石榴之乡、商标注册、地理保护产品认证等，打响石榴品牌，力促经济和社会发展。

特色旅游产业的亮点

改革开放以来，随着生态环境意识的提高和国家对生态旅游的日益重视，越来越多的石榴主产区依托石榴资源，开发打造以石榴为主体、以石榴文化为亮点的生态旅游，带动和促进了区域经济和社会发展。

山东峄城石榴园以其历史悠久、资源丰富、古树众多而闻名国内外，现存百年以上石榴古树3万余株，是国内单片面积最大、树龄最老、分布最集中的石榴古树群。自1983年被联合国粮农组织官员发现并指出其潜在的旅游价值后，当地政府对其旅游功能开发极为重视，着力开发石榴生态旅游产业。1985年，峄城"冠世榴园"景区被批准为省级重点旅游区；2003年，成为国家AAA级旅游景区；2007年，晋升为国家AAAA级旅游景区；2011年，接待中外游客130万人次，旅游综合收入7500余万元。石榴生态旅游业的快速持续发展，反过来又促进了峄城石榴鲜果、石榴加工、石榴包装等石榴产业的快速发展。2015年，被国家林业局命名为"古石榴国家森林公园"。

1996年，云南蒙自县新安所镇万亩石榴园被列为云南省第一个农业生态旅游项目，成为省级旅游部门的重点扶持建设项目。他们充分挖掘石榴园文化内涵，着重提升石榴园文化品位，建成了以先秦"诸子楼"和"百家园"为核心的"中国先贤"浮雕文化生态特色旅游景点，如今已发展成为融农业景观、人文景观为一体的农业生态旅游景点。2004年被国家旅游局命名为"全国农业旅游示范点"，2006年被授予"中国十大知名农业旅游示范点"。

陕西临潼是中国石榴文化的发源地。人杰地灵的骊山，不仅为中华民族留下了极其丰富珍贵的秦唐文化遗迹，而且培育了多彩多姿的中国石榴文化之花。为了促进旅游事业的发展，通过举办"石榴花之春"旅游文化活动，拉动了国内外旅游市场增长，扩大了对外经贸合作交流。

河南荥阳广武镇黄河百果庄园、高村乡刘沟村依托石榴资源开展生态观光旅游，取得了显著的经济效益，成为生态旅游观光的典范。安徽蚌埠荆涂山风景区、云南和源万亩石榴庄园、安徽淮北塔山榴园村、新疆叶城石榴风情园、皮山皮亚勒玛乡石榴生态农业观光园、四川会理铜矿村、江苏徐州大洞山景区、河北元氏蟠龙湖景区等，石榴栽培历史悠久，资源丰富，其深厚的石榴文化底蕴，成为当地生态旅游产业的"亮点"和"支点"。

文化产业的重要组成部分

各石榴主产地在石榴种植、加工、旅游、营销等一、二、三产业持续发展的基础上，石榴文化产业建设也进入了党委、政府和有关部门的重要议事日程，纷纷出台政策激励、资金扶持等措施，使石榴文化产业呈现方兴未艾、蓬勃发展的态势。

建成了一批石榴文化产业项目。山东峄城投资3000万元，建成了占地15hm²的中华石榴文化博览园。该园位于峄城冠世榴园景区的核心地带，是世界上第一家融石榴文化展示、基因保存、创新利用、良种繁育、丰产示范、生态旅游等为一体的石榴主题公园。建有中国石榴博物馆、国家石榴林木种质资源库、石榴丰产示范园、石榴良种苗圃、石榴精品盆景园以及广场、人工湖、道路、绿化等配套附属工程。在弘扬石榴科技、传承石榴文化、促进石榴以及旅游产业发展等方面起到巨大的促进作用。安徽淮北在烈山区榴园村建成了建筑面积4400m²的石榴博物馆。

石榴书画、文学、影视、歌曲、戏曲等艺术蓬勃发展。石榴花果艳丽、寓意吉祥，自古以来就是文化艺术意境的一个重要中心意向或构成要素。改革开放以来，以石榴为中心意向的文化艺术作品大量涌现。电视连续剧《石榴花开》（山东峄城）《石榴红了》（山东峄城），电影《石榴红了》（安徽怀远），电视专题片《我们的果园·临潼石榴》（陕西临潼）《石榴成熟的季节》（四川会理）《冠世榴园》（山东峄城）《河阴石榴》（河南荥阳），歌曲《摘石榴》（安徽五河）《日子越过越红火》（云南蒙自）《石榴花红了》（四川会理）《石榴仙子歌》（陕西临潼），戏曲《偷石榴》（河南坠子）《石榴花开红似火》（山东柳琴戏）等影视文艺作品，在传承石榴文化、繁荣文化产业等方面都发挥了重要的促进作用。石榴各主产区还结合石榴节庆、石榴旅游等活动，举办以石榴为主体的大型文艺演出、书画展、摄影展、文学笔会，出版石榴专题画册，发行石榴专题纪念邮票，开发石榴工艺纪念品等，全方位宣传石榴产业。各地涌现了大量的，以赞美石榴、石榴园，描绘榴乡人民火热的精神风貌，颂扬党和国家富民政策，反映石榴产业发展成果的诗歌、散文、书法、绘画、摄影等优秀作品，多层次、多角度、多形式、多风格，把石榴文化推向了一个新的历史高度。

石榴文化成为非物质文化遗产保护的重要内容。石榴文化的悠久历史，各地多个石榴文化项目被列入非物质文化遗产保护名录。荥阳"河阴石榴文化"被列入河南省省级非物质文化遗产保护名录，"荥阳石榴栽培技艺"被列入河南省郑州市市级非物质文化遗产保护名录；"石榴盆景栽培技艺""峄城石榴酒酿造技艺""榴芽茶制作技艺""石榴园的传说""峄县石榴栽培技艺"等5个项目被列入山东省枣庄市市级非物质文化遗产保护名录，石榴盆景大师杨大维被确定为枣庄市非物质文化遗产代表性传承人。2013年，"石榴盆景栽培技艺"被列入山东省省级非物质文化遗产保护名录。"喀什石榴花地毯制作技艺"被列入新疆喀什市市级非物质文化遗产名录。

石榴文化研究取得阶段性成果。国内石榴文化研究起步晚、基础薄弱，但是进展快、成效明显。自20世纪80年代以来，相继出版了《石榴园的传说》（山东峄城）《中国临潼石榴文化集萃》（陕西临潼）《万亩石榴园》（山东峄城）《中国会理石榴之乡》（四川会理）《话说石榴》（山东峄城）《石榴楹联》（山东峄城）《石榴花开》（云南蒙自）《怀远石榴》（安徽怀远）《石榴古诗六百首》（山东峄城）《河阴石榴》（河南荥阳）等石榴文化研究的书籍，发表有关石榴文化研究的论文、文章30余篇，山东枣庄专门成立了枣庄榴园文化研究会，举办了两次石榴文化专题研讨会。

城市形象、大型活动的标志

市花是一个城市的象征，代表了城市特色优势资源，反映了居民的文化传统、审美观和价值观。我国从1982年开始市花的评选活动，迄今已有209个城市通过群众评选和市级人大代表常务委员会审议，正式选定了市花或已备选市花。其中，陕西西安，安徽合肥，山东枣庄，河南新乡、驻马店，江苏连云港，浙江嘉兴，湖北黄石、十堰、荆门等

10个城市确定石榴花为市花。石榴是入选市花最多的植物之一，使石榴成为这些城市文化底蕴的体现，城市形象的重要标志和城市对外开放的一张名片，对于优化城市生态环境，提升城市品位和知名度，增强城市综合竞争力具有重要的意义。

改革开放以来，石榴不仅成为石榴专题节庆活动的徽标和标志，也成为综合性展会、运动会等大型活动的吉祥物元素。2010西安世界园艺博览会（陕西西安）、第二届中国新疆国际民族舞蹈节（新疆乌鲁木齐）、第三届世界传统武术节（湖北十堰）、第二届中国非物质文化遗产博览会（山东枣庄）、第12届中国广告节（陕西西安）、湖北省第十三届全运会（湖北荆门）等大型会展、节庆的吉祥物设计，都是采用了石榴花、石榴果或石榴仙子的元素。

以石榴资源和石榴文化为载体和媒介的如上活动中，大都穿插了"文化搭台，经贸唱戏"的内容，经贸洽谈和招商引资均取得了丰硕成果，有力促进了区域经济和社会的发展。

国家民族团结和中外经济文化交流的象征

2014年5月，习近平总书记在第二次中央新疆工作座谈会上强调："各民族要相互了解、相互尊重、相互包容、相互欣赏、相互学习、相互帮助，像石榴籽那样紧紧抱在一起。"只有最大限度地团结各族人民，最大限度凝聚各族人民的智慧和力量，最大限度地发挥各族人民当家做主的权力，才能同心同德实现"两个一百年"奋斗目标，才能实现中华民族伟大复兴的中国梦。"中华五十六个民族要像石榴籽一样紧紧地抱在一起"，在党的十九次代表大会上，习近平总书记形容中华各民族关系时，打了这么一个生动形象的比喻，立刻在全国各族人民心中产生了强烈的反响，形成了全民族的共鸣。石榴，本是一种独特的水果，它靠树根吸收了大地充沛的水和养分，成长、壮大，结出累累的硕果，石榴的果粒相抱组合，亲密融合，颗颗甜蜜，成为人类和自然生命最为亲密的典型象征。各民族只有"像石榴籽那样紧紧抱在一起"，中华民族这棵参天大树才能枝繁叶茂。各族干部群众要切实增强政治意识、大局意识、责任意识，共同团结奋斗、共同繁荣发展。只要辛勤培育民族团结的石榴之树，定会结出颗满籽饱的石榴之果。

2016年1月21日，国家主席习近平在伊朗《伊朗报》发表题为《共创中伊关系美好明天》的署名文章。文中，习近平谈及石榴：丹葩结秀，华实并丽。石榴早已从伊朗到中国落户，又因果实累累在中国被赋予新的寓意，象征兴旺繁荣。它见证了中伊两国人民沿着丝绸之路开展友好交往的历史，预示着两国合作还将收获更多硕果。2017年14日，国家主席习近平出席"一带一路"国际合作高峰论坛并发表主旨演讲。习近平说，古丝绸之路绵亘万里，延续千年，积淀了以和平合作、开放包容、互学互鉴、互利共赢为核心的丝路精神。这是人类文明的宝贵遗产。古丝绸之路不仅是一条通商易货之道，更是一条知识交流之路。沿着古丝绸之路，中国将丝绸、瓷器、漆器、铁器传到西方，也为中国带来了胡椒、亚麻、香料、葡萄、石榴。沿着古丝绸之路，佛教、伊斯兰教及阿拉伯的天文、历法、医药传入中国，中国的四大发明、养蚕技术也由此传向世界。更为重要的是，商品和知识交流带来了观念创新。比如，佛教源自印度，在中国发扬光大，在东南亚得到传承。儒家文化起源中国，受到欧洲莱布尼茨、伏尔泰等思想家的推崇。这是交流的魅力、互鉴的成果。

峄城"冠世榴园"风景名胜区 （李秀平摄影）

紧紧抱在一起 （唐堂供图）

石榴红了 （唐堂供图）　　　丹葩结秀 （唐堂供图）

石榴文化的内涵 〜

石榴文化的内涵，是因生活、生产、书写、审美等需要，通过有意识地利用、开发、创新而产生，与人们的日常生活密切相关。

石榴与饮食

石榴与饮食密切相关，石榴果既可以鲜食，也可制成石榴汁、石榴酒、石榴醋等；石榴嫩叶可制作石榴茶；石榴果、花、叶也可以用作烹调。

鲜食水果

石榴是我国人民十分喜爱的果品之一。果实圆润，果色艳丽，风味优美，营养价值和保健价值较高。古人把它比作"雾壳作房珠作骨，水晶为粒玉为浆"，称之为"水晶珠玉""天下之奇树，九州之名果"……被中国人视作"三大吉祥果"之一，象征团圆、和谐、长寿和多子多福，是中秋佳节不可或缺的时令果品，自古以来就受到各个阶层人民的喜爱。历史记载，陕西临潼、四川会理、河南河阴、山东峄城、云南蒙自、安徽怀远等著名的主产区，都有向朝廷进贡石榴的记录。在民间，历来被视为馈赠亲友的喜庆、吉祥果品，"送榴传谊"的习俗广为流传。

现代研究证明，石榴果实营养丰富，含有多种人体所需的营养成分。果实中含有维生素C、维生素B、有机酸、糖类、蛋白质、脂肪以及钙、磷、钾等矿物质。石榴果实含碳水化合物17%、水分79%、糖13%～17%，其中维生素C的含量比苹果高1～2倍，而脂肪、蛋白质的含量较少，可溶性果酸0.46%～0.68%，蛋白质0.226%～0.317%，还原性维生素C 4.23～10.27mg/100g，磷8.9～10mg/100g，钾216～249.1mg/100g，钙1.06～2.98mg/100g，镁6.5～6.76mg/100g，单宁59.8～73.4mg/100g，另外还含脂肪花青素和18种氨基酸，其中色氨酸、苯丙氨酸、赖氨酸等8种是人体必需的。因而石榴也成为现代人喜爱的一种功能型水果。

石榴果汁

古代人民利用石榴籽粒加工石榴汁的历史十分悠久。潘岳在赞美石榴时说到它的作用："御温疗饥，解酲止疾"；《齐民要术》有用干姜、胡椒末、石榴汁融入酒中配制成胡椒酒的记述；徐光启《农政全书》载："北人以榴子作汁，加蜜为饮浆，以代杯茗，甘酸之味，亦可取焉"；清代陈扶摇在其所著的《花镜》（1688）中也有石榴"其实可御饥渴、酿酒浆、解酲、疗病"的句子。

现代研究则表明，石榴汁含有多种氨基酸和微量元素，有助于消化、抗胃溃疡、软化血管、降血脂血糖胆固醇等多种功能。石榴汁是一种比红酒、番茄汁、维生素E等更有效的抗氧化的果汁；可防止冠心病、高血压，还有健胃提神、增强食欲、延年益寿之功效，对饮酒过量者，解酒有奇效；石榴汁的多酚含量比绿茶高很多，可以起到抗衰老和防治癌瘤的作用，而对大多数正常细胞没有影响。石榴汁浓缩后总的可溶性固形物可达75%~80%，浓缩后可制成石榴酱。制作石榴饮料一般是先制备石榴原汁，然后再添加一些辅助成分配制成各种风味不同的饮料。比如添加糖、柠檬酸、天然香料可配制成各种风味的浓缩饮料、单倍饮料、充气饮料等；加入海藻钠、碘钠盐等特殊添加剂，还可制成具有独特风味的石榴保健饮料。

石榴酒

石榴酒是以石榴鲜果或浓缩果汁为原料，经过发酵工艺而酿成的酒精含量在7%以上的酒精饮料。历史上用石榴造酒由来已久，古文诗赋中常有记载。南北朝时期梁元帝萧绎《赋得咏石榴花》曰："西域移根至，南方酿酒来。"其《古意》曰："樽中石榴酒，机上葡萄纹。"宋朝苏轼的《石榴》曰："色作裙腰染，名随酒盏狂。"宋朝窦革的《酒谱》载："石榴取汁停盆中，数日成美酒。"明代陈嘉谟《本草蒙筌》载：可为果蔗酒。清代何刚德《抚郡农产考略》载：子可酿酒。

古代还有用石榴花造酒的，梁萧绎《刘生》曰："榴花聊夜饮，竹叶解朝酲。"竹叶，酒名；榴花，亦酒名，即石榴花制作的酒。北周王褒《长安有狭邪行》诗："涂歌杨柳曲，巷饮榴花樽。"可见，无论是南方抑或北方，此酒对于上至帝王、下及里巷的百姓，都已经有了很高的知名度。唐宋以来，桂花、菊花、榴花酒是长期受欢迎的重要花酒。历史记载，琼岛居民很早就会用安石榴酿酒（即椒酒），宋乐史《太平寰宇记·岭南道十三》卷一六九载："琼、崖州有酒树似安石榴，其花著瓮中，即成美酒，醉人。"《宋史·蛮夷列传三》也载有"琼营黎峒又有椒酒，以安石榴花著瓮中即成酒。"到清代，椒酒仍大行其道，清道光年间《琼州府志》载"饮惟椒酒"。清代御酒中还有一种治病用的药酒，如主治"中风挛缩"的夜合枝酒，是以夜合枝、柏枝、槐枝、桑枝、石榴枝、糯米、黑豆、细面等酿造而成，慈禧晚年就经常服用。

现代研究证实，石榴酒具有降血脂、软化血管、增强心脏活力以及预防癌症的功效，同时对乙型肝炎有较强的抑制作用，还有预防动脉粥样硬化和延缓生命衰老之功效。

石榴茶

山东峄城、陕西临潼等石榴产区民间有用石榴叶炒茶的历史，有的至今还流传石榴茶的美丽传说。石榴叶含有丰富的维生素、矿物质和药效成分，可制成石榴保健茶，具有解渴生津、防暑降温、爽心明目、消炎安神、健胃怡神等多种功效。

现代研究表明：石榴叶能软化血管，降血脂、血糖、胆固醇，类似银杏叶；同时具有耐缺氧，迅速解除疲劳的效果。山东中医药大学的研究也表明：石榴叶能显著增强胆汁分泌，增强小肠蠕动，改善消化机能，对泛酸、吐酸、慢性胃炎、胃溃疡等也有一定的治疗作用；还可显著抑制胃酸分泌及具有调脂和抗氧化活性。……据报道，石榴叶中还含有天竺葵甙、山楂酸、木麻黄宁、积雪草酸及生物碱丙烯哌立定等化合物，其中木麻黄宁和天竺葵甙是多酚类化合物，由于多酚类多具有较强的清除自由基活性，因此木麻黄宁和天竺葵甙可能是石榴叶中具有清除自由基活性的主要成分之一。

另外，石榴的鲜花、石榴籽粒、石榴皮、石榴果汁等可以用作菜肴的主料或辅料，是一种重要的食疗来源；石榴籽粒也是一种配制沙拉、果冻等甜品的重要水果；石榴汁、石榴醋、石榴酒等可以单独饮用，也可与其他饮品搭配。

水晶珠玉 （唐堂供图）

石榴汁 （刘广亮供图）

石榴酒 （俞博瀚供图）

石榴茶 （褚洪琦供图）

华佗像 （清殿藏本）

石榴与传统医药

现代研究证实，石榴很多器官中含有类黄酮、鞣质、生物碱、有机酸和特殊结构的多元酚以及甾类、磷脂、甘油三酯等成分，并证实其对消化系统、生殖系统及在抗菌、抗病毒和抗肿瘤等方面具有治疗作用。石榴花可以治疗妇人带下、腰酸乏力、赤白痢下、腹痛痢疾以及治疗吐血、鼻血、咳血等。石榴籽有养阴生津之功，对预防和治疗动脉粥样硬化引发的心脏病、女性更年期综合征、骨质疏松等有显著疗效。石榴果皮是一味效果显著的收敛止泻药，可治疗泻痢不止，并有止血之功效。石榴根对绦虫、金黄色葡萄球菌、霍乱球菌有明显抑制作用。

石榴作为传统药材，在传统中医药和民族医药中均有广泛的临床应用。在中、维、藏、蒙医药学中其药性理论、功效主治、配伍方剂、临床应用中各具特色。在药性上，中医药学强调果皮味酸、涩，性温；维医药学认为石榴皮干寒，味酸涩；藏医药学多用石榴籽，药性认识为味酸、甘，性润；蒙医药学多用石榴果实，药性为味酸、甘，性热。在功效主治上，中医药学多用石榴果皮的驱虫、涩肠、止血功效；维医药学用石榴皮燥湿止泻，消炎止血；藏医药学则以石榴籽消食、温胃肾；蒙医药学常用石榴果实祛寒，消食开胃。在配伍方剂上，中医药多用石榴皮治疗蛔虫、蛲虫等虫积腹痛，久泻、出血、脱肛及多种炎症；维医药常用石榴皮治疗各种炎症、出血症及腹泻病；藏医药习用石榴籽治疗胃寒、消化不良、腰酸腿痛、遗精等病；蒙医药喜用石榴果实治疗胃寒冷痛、食欲不振、消化不良等病。

传统中药药性理论

石榴在中医药中作为药用始载于《名医别录》，列为下品。传统中医药认为，石榴性味温甘、平、无毒。石榴花、果实、果皮药性相似即味酸涩、性温。石榴花《得配本草》载："酸涩、平。"石榴皮《滇南本草》记载："性寒、味酸涩。"石榴皮和根在《本草纲目》中均记载："酸涩、温、无毒。"

传统中药功效主治

石榴皮作为中药，是石榴药材中主要习用药材。《本草纲目》云："止泻痢，下血，脱肛，崩中带下。"《本草拾遗》曰："主蛔虫。"《名医别录》说："疗下痢，止漏精。"《药性论》载："治筋骨风，腰脚不遂，步行挛急疼痛。主涩肠，止赤白下痢。取汁止目泪下，治漏精。"《生草药性备要》提到："治瘤子疮，洗疝痛。"《本草求原》载："洗斑疥癞。"中医药多认为它既有驱虫功效，又有强烈的固崩止血作用，常用于肠道寄生虫病、崩漏及妊娠下血不止。

石榴花在《分类草药性》中记载："治吐血，月经不调，红崩白带。汤火伤，研末，香油调涂。"《野生药植图说》："治中耳发炎，防止流脓。"

石榴叶在《图经本草》中记载："榴叶者，主咽喉燥渴、止下利漏精、止血之功能。"

《滇南本草》："治跌打损伤，敷患处。"《滇南本草图说》："煎洗痘风疮及风癫。"

石榴根皮《本草纲目》曰："止涩泻痢带下。"《名医别录》记载："疗蛔虫、寸白。"

石榴果实入药常鲜用。《名医别录》："主咽燥渴。"《本草纲目》说它："御渴疗饥，解醒止疾。"

传统中药配伍和方剂

配伍：石榴皮配伍肉豆蔻、诃子，能涩肠止泻、止痢固脱；配伍金樱子，疗久泻久痢，还有助于治疗遗精、遗尿、尿频等症；配伍砂糖，缓急补中，治疗虚寒腹痛，久泻不愈；配伍槟榔，使药力增强，为驱杀蛔虫的最佳对药之一，还可治疗其他肠道寄生虫病；配伍马兜铃，两者互相为用，可除疳积湿热，小儿疳积肠虫诸症；配伍黄连，共奏清热燥湿、涩肠止泻之功，用于治疗湿热蕴结大肠之泄泻，赤白下痢；配伍乌梅，善治肺虚久咳、呕吐及蛔厥腹痛之症。

方剂：中医药方剂中石榴的应用，根据其主治病症种类概括如下：

治诸虫病。石榴皮散《太平圣惠方》：石榴皮、桃符、胡粉、槟榔、使君子、白酒。治疗蛔虫、蛲虫、绦虫等虫积腹痛。

治久痢不痊。神授散《普济方》：陈石榴烙干研末，米汤调下。治妊娠暴下不止，腹痛。《产经方》：石榴皮、当归、阿胶（炙）、熟艾炭。

治出血证。石榴散《圣济总录》：石榴皮、陈橘皮（汤浸，去白）、甘草、干姜（炮）。二花散：酸石榴花、黄蜀葵花。治鼻流血不止，经热出血及外伤出血。

治虚劳尿精。《千金要方》记载：石榴皮、桑白皮（切）各五合。上两味，以酒五升，煮取三升，分三服。

治脱肛。《医钞类编》载：石榴皮、陈壁土、白矾、五倍子。治疗久泻不止，脱肛不收。

治脚肚生疮。初起如粟，搔之渐开，黄水浸淫，痒痛溃烂，遂致绕胫而成痼疾。《医学正宗》载：酸榴皮煎汤冷定，日日扫之，取愈乃止。

治中耳炎。《野生药植图说》：治中耳发炎，防止流脓。取石榴花适量焙干，加冰片少许研末，吹入耳内治中耳炎或流脓。

维吾尔族、藏族、蒙古族等医学典籍中也有诸多对石榴药性理论、功能主治、配伍和方剂的记述。另外，民间亦传有大量的关于石榴药方和保健方。

石榴与工业

石榴含有丰富的鞣酸、微量元素、生物酶等，具有保健价值，成为现代医药和化妆品的重要原材料。

石榴籽油是优质的干性油，可作为轻工业的优质原料。近年来，研究发现石榴籽油有显著的抗人体乳腺癌和抗氧化活性特征，可致乳腺癌细胞凋亡。石榴籽油中含有6种主要脂肪酸：石榴酸、亚麻酸、亚油酸、油酸、棕榈酸、硬脂酸。其中石榴酸在石榴油中占86%左右，这是一种非常独特有效的抗氧化剂，可以抵抗人体炎症和氧自由基的破坏，具有延缓衰老、预防动脉粥样硬化和减缓癌变进程的作用。同时因为其可食性，在医药保健、食品、化妆品工业中有广阔的应用前景。石榴籽甲醇提取物具有降低糖尿病小鼠血糖和抗腹泻的作用。石榴籽多酚也是一种强抗氧化剂和自由基清除剂，广泛用于医药、食品、化妆品和化工领域。

石榴的花多且大，花期长，雄蕊繁多，花粉丰富，是优质的蜜源植物。石榴花粉资源丰富，营养成分齐全，可作为多种营养保健食品的重要原料或添加剂。

石榴加工果汁、果酒后的籽粒废渣，可以制成动物优良饲料添加剂。

石榴根皮、树皮及果皮含鞣质23%以上，能提取栲胶，可以应用于鞣皮制革和印染等工业。

石榴与园林

果树用于宫苑、庭园绿化美化，迄今亦有2000年的历史，而且有颇多记载石榴、葡萄、桃等都是中国人民从长期的栽培中选出来的优良观赏果树，备受人们喜爱。石榴花色彩绚丽，有单瓣、重瓣之分，花色丰富，多红色，也有白色和黄、粉红、玛瑙等色，观赏价值极高。石榴树对环境适应能力强，还具有很强的抗污染能力，因此广泛应用于城乡园林绿化。

园林、庭院绿化

石榴是我国古代的吉祥树，是富贵、繁荣的象征，人们借石榴多籽，来祝愿子孙繁衍、家族兴旺昌盛，所以在古代园林和庭院中广为种植，是古代最重要的园林、庭院树种之一。

唐代诗人孔绍安在《侍宴咏石榴》中写道："可惜庭中树，移根逐汉臣。只为来时晚，花开不及春"。在那春光老去、花事阑珊时，艳丽似火的榴花跃上枝头，确实有"万绿丛中红一点，动人春色不须多"的诗情画意。石榴树姿清雅，初春叶碧绿而有光泽，入夏花色艳丽如火，从5月上旬至9月，有长达数个月的花期；至仲秋果实成熟，点点朱金悬于碧枝之间，十分别致。因庭院内小气候环境较好，又便于防寒，是栽植石榴的理想场所。石榴对二氧化硫及铅蒸汽吸抗能力很强，可降低烟尘，净化空气，保护生态环境，也是厂矿、道路、公园、城市广场理想的绿化树种。

盆景、盆栽、盆植

石榴是历史上著名的盆景、插花主要树种之一。清朝嘉庆年间，苏灵著有《盆玩偶录》二卷，把盆景植物分为："四大家""七贤""十八学士"和"花草四雅"，其中石榴树被列为"十八学士"之一。《金瓶梅》曾有石榴盆景的描述。在明代插花理论中，石榴被尊为花盟主。石榴树干遒劲古朴，盘根错节，枝虬叶细，花艳果美，是制作盆景的上好材料。把石榴盆景布置于咫尺盆中，"缩地千里""缩龙成寸"，可以展现大自然的无限风光；随着时间和季节的变化，还可以呈现出不同的姿态、色彩和意境。石榴盆景主要有直干、双干、曲干、斜干等形式，而枝叶多呈自然造型。微型或小型盆景常常选择矮生品种如月季石榴、墨石榴等；大中型盆景多用一些石榴老桩或枯桩进行修剪蟠扎，养坯几年后才可上细盆观赏。经过艺术造型和整修后的石榴盆景置于庭院、公共场所或居民家中，可以展示其优美的姿态，春叶、夏花、秋果、冬枝，季相景观丰富，观赏价值极高，如选用花果兼用品种还可品尝到石榴美味，观赏食用亦佳。

建设防护林

土壤含盐量是植物生长的一项重要限制因素，如含盐量过高（超过0.3%），会导致作物低产或不能生长。石榴在果树中较耐盐性，其耐盐极限为0.51%，是沿海滩涂绿化和改良土壤的优良经济树种。石榴还耐干旱瘠薄，抗逆性较强，可用于土壤贫瘠的山坡地防止水土流失，是优良的防护林树种。

建设行道树

石榴树一般配置在次干道、三级道路、小区道路或用于道路中间隔离带的绿化。石榴初春新叶红嫩，入夏繁花似锦，仲秋硕果高挂，深冬铁干虬枝，不同季节可以营造出不同的道路景象。炎炎夏日，石榴枝繁叶茂，可为过往行人带去阵阵清凉，火红的石榴花还可以给人以美的享受。

石榴盆景《无限风光在险峰》（王晓鲁创作）

石榴与服饰

石榴与中国服饰文化结缘最深，最有名的是石榴裙。石榴裙，是古代女子的一种时尚穿着，唐代以前即有之，而以唐代为盛。黄正健《唐代衣食住行研究》："这一阶段（指初唐时代）妇女的裙子总的来说比较长，有单色也有间色……裙的材料多种多样，好的就有绸裙、纱裙、罗裙、金泥簇蝶裙、百鸟毛裙等。裙的颜色以红、黄、绿为多，红裙即石榴裙，常为诗人们所歌咏。"可见古人所说的石榴裙就是红裙，因为石榴花为红色，红的鲜艳美丽，所以红裙又有了石榴裙的雅称。石榴裙是一种单色的裙子，穿着这种醒目的石榴裙的女子非常俏丽动人，所以"石榴裙"就成了美丽女性的代称，当一个男子爱慕一个俏丽女子的时候，也就有了"拜倒在石榴裙下"的说法。

备受古人尊崇的石榴裙并不是用石榴花染成的，其花虽红艳的多，然而红石榴花汁的颜色却不是鲜红的，所以用石榴花汁染不出鲜艳的红布来。染石榴裙使用的是红花菜，又名红蓝花。染红色的染料也是从红花菜的花籽里提取出来的，加酸后沉淀而成，所以红花菜染成的布料特别怕碱，故石榴裙不能用碱水洗涤。

因为红色之高贵，也因为红色染料之贵重，更因为石榴裙的鲜艳夺目，起初能穿上石榴裙的就不是普通人家的女子，因此穿着石榴裙的女子大约分为三种：宫中女子、贵族女子、青楼女子，石榴裙便成为这三类女子的一种独特而时尚的装束。《开元天宝遗事》云："长安仕女游春，野步遇名花，则设席藉草，以红裙递相插挂，以为宴幄，其奢逸如此也。"长安的游春女子以石榴裙在野地里张挂起来为帷幄，被当时人视为奢侈之事，说明这些身着石榴裙的女子不是普通人家的女眷，而是贵族女子，同时也说明石榴裙的贵重。《明史》卷六十六记云："宫人冠服，制与宋同……珠络缝金带红裙，弓样舄。"说明明代宫女的装束中也离不开石榴裙。传说中的杨贵妃也喜欢石榴花，更喜欢穿着石榴裙，唐明皇投其所好，在华清池西绣岭、王母祠等地广泛栽种石榴。每当石榴花竞放之际，这位风流天子即设酒宴于"炽红火热"的石榴花丛之中，而百官大臣见了杨贵妃都要下拜，所以才有了"跪拜在石榴裙下"的说法。唐代著名传奇小说《霍小玉传》中也记有名妓霍小玉身穿石榴裙的样子："生忽见玉穗帷之中，容貌妍丽，宛若平生。着石榴裙，紫襦裆，红绿帔子。"可见石榴裙定是当时最时尚的女子装束，所以才从宫里传到了民间，又成为著名的青楼女子最喜爱的衣着。《红楼梦》第六十二回里也有关于石榴裙的描写："宝玉方低头一瞧，便嗳呀了一声，说：'怎么就拖在泥里了？可惜这石榴红绫最不经染。'"在这段文字里提到的石榴红绫就是石榴裙，并且书中还提到薛宝琴和袭人都有这样的石榴裙，可见石榴裙在清代仍是女子最喜欢的衣着。

石榴裙起初是宫廷女子、贵族女子和青楼女子的心爱之物，自然也成了文人骚客歌咏的内容。于是历代著名诗人的笔下都出现了石榴裙的影子，诗人们深情地歌咏着身着

唐·周昉《簪花仕女图》(局部)

石榴裙的佳人，也记下了与石榴裙相关的富华的生活。南北朝萧绎《乌栖曲》："交龙成锦斗凤纹，芙蓉为带石榴裙。"萧绎，南北朝时期梁代皇帝。他的这首诗，至少透露出两条关于石榴裙的信息：一是石榴裙在梁代亦有之，而且在宫廷内外都很流行；二是梁代的石榴裙制作精细，绣工华丽，所以才有了"交龙成锦斗凤纹"之说。唐朝及唐朝之后描写石榴裙更多，杜审言的诗有"桃花马上石榴裙"的描写，李白也有"移舟木兰棹，行酒石榴裙"的诗句，白居易亦有"眉欺杨柳叶，裙妒石榴花"的诗句，万楚的"眉黛夺得萱草色，红裙妒杀石榴花"更是流传很广的名句。石榴裙后来流行之广在《燕京五月歌》中有很形象的描绘："石榴花发街欲焚，蟠枝屈朵皆蹦云。千门万户买不尽，剩将儿女染红裙。"石榴裙是以其突出的色彩来诠释其浪漫情韵的，并以其美艳的视觉效果显示其动人心魄的魅力。以致后来，成为女性以妖娆美姿吸引、诱惑男人的代名词，成为美丽女人的象征。从这一点上说，石榴裙具有恒久的文化审美学意义。石榴裙这种衣装不仅是绵延上千年里女性最时尚的穿着，而且至今仍受女子们的青睐。

石榴与生活

石榴与化妆

中国传统以红为饰，胭脂的红是从朱砂、紫草、红花、山花、石榴花等物中提取的。石榴做胭脂，唐朝的段公路《北户录》记载："石榴花堪作烟支，代国长公主，睿宗女也。少尝作烟支，弃子于阶，后乃丛生成树，花实敷芬。"民间也有用石榴花染女孩红指甲的传统。

石榴皮的粉末是古代制作面膜的配料之一，用于外敷，主要作用于颈部、结缔组织和胸部，有利于皮肤紧绷与保持光滑。

石榴皮也是古代制作黛墨的材料之一。黛墨，即青黑墨，是在四份以灯草或松木为原料烧制的原料墨粉中，加三份以石榴皮烧制的墨粉，之后加入三份花青颜料，形成独特的黛墨。增添麝香、冰片、金箔、公丁香、猪胆等贵重香料和黄明胶后，则用来专制绘画所用的青墨，或用来给闺阁女子画眉。用灯草为主料的黛墨，主要用来画眉，而以松木为主料的黛墨，则主要用来绘画。

傣族是一个风姿绰约的民族，男子俊朗纹身，女子俏丽染齿，因此，傣族女性从十三四岁开始常用天然中草药把牙齿染黑。唐代樊绰所著《蛮书》记载，傣族女性常用茜草和石榴根皮等中草药进行染齿。

石榴与天然染料

刘基在《多能鄙事》的"染皂巾纱法"里即已记载使用皂斗子及酸石榴皮煮染的方法。杜燕孙在《国产植物染料染色法》一书中说到重要的单宁植物时，即列有石榴皮。山崎青树氏在《草木染料植物图鉴》中也引文献对石榴作了许多说明，他说"树皮、根皮、落花、果皮、叶等皆可利用染色。"显然，石榴用于染色已有相当长的历史。

在鲁南民间，老百姓吃石榴的时候，将石榴皮积攒起来，晒干储存。染色时，将石榴皮同水煮沸，将棉布放入锅内，不断地搅动着色。煮到一定火候时，找一段高粱秸，剥掉篾皮，用白瓢蘸取色汤观察，若色重则需继续煮染，若色浅则说明颜色都已经附着在布料上，可以出锅了，漂净晾干后，布料呈淡黄色。相传新中国成立前有些八路军的土布军服也是用石榴皮染成的。

在许多地方，从前家家都会土法染布，所染的只是一种青（黑）色。方法是将石榴皮沤泥和水放在太阳下暴晒，俗称"沤酸浆水"，沤晒至水呈酱油颜色，把白布放进酸浆水中泡染，浸透以后拿出来晾晒，然后再次浸染，反复几次，再漂洗干净。染成的布不掉色，但色彩不够鲜艳。

石榴与中国墨

中国画里的黑色一般使用墨来表现，另外还有锅底灰、灯草黑和石榴黑等。元朝王祯《王祯农书》："染墨亦良。"王定理《中国画颜料的运用与制作》："石榴黑，即石榴皮

明 · 沈周 《石榴双喜》

黑。秋季收取，去籽晒干加工烧制，其色漆黑。石榴皮干后易燃，犹如早年打石取火所用之火绒，着火即燃而没有大的火焰，易于烧制。……其色黑亮无比，胜黑烟子多矣。"石榴皮古时玉工也用来描玉，元周密撰写的《癸辛杂识》有详细描述"凡玉工描玉。用石榴皮计描之。则见水不脱去。"

用石榴皮制作以松木为主料的黛墨，则主要用来绘中国画。

石榴与题壁诗

题壁诗，是指古代诗人直接题写于公共场所，如驿站旅舍、楼台亭阁、僧寺道观、名胜景点等地方的墙壁、廊柱、石壁等之上的诗歌。题壁，是古代常见的一种诗歌创作和传播方式。古代著名诗人几乎都有题壁诗。尤为传奇的是，现场没有笔墨，有人就突发奇想，用石榴皮作笔，潇潇洒洒，一挥而就，成就了许多榴皮题壁诗，甚至一些诗的名字干脆就叫《榴皮题壁》。著名的题壁诗有唐朝吕岩的《熙宁元年八月十九日过湖州东林沈山用石榴皮写绝句于壁自号回山人》、宋朝王真人的《榴皮题壁》等。

石榴与条编、木制品

石榴产区的百姓，历来多用丰富柔软的石榴条编织器物，规格不一，用途各异，如筐篓、簸箕、斗、筐等。石榴是落叶灌木或小乔木，在热带则变为常绿树，一般树高2～5m，干性不强，无主干或者主干低矮，上有瘤状突起，且多向左方扭转，树干多无料可用。且材质中等，木射线多，纹理斜，结构细，木质细腻紧密，韧性强，硬度中等。所以民间有"石榴树做棺材——横竖不够料"之说。石榴木材一般做雕刻、农具柄、擀面杖、玩具、鼓槌、弹弓、锤头柄、槌柄等，非常结实耐用。在山东峄城，榴农利用淘汰下来的石榴木，通过雕刻等工艺，加工根雕、几架、盆景架、笔筒、挂饰等工艺品、旅游纪念品，远近有名。

石榴文化的外延 ⌇

自古以来，中华民族的内在情感、观念常借石榴而得以象征与表现，因而石榴成为中国文化的一个重要符号。

诗文意境中的石榴符号

早在汉朝，石榴就开始成为古人诗文意境的一个构成要件，《汉乐府》等先秦两汉的文学作品中，就有对石榴的描述，但此时石榴尚未构成诗文意境的中心意象。西晋时期，石榴不仅是诗文意境的一个构成要件，而且开始成为诗文意境的中心意象之一，专门描写石榴的诗、赋开始出现，其代表作有潘尼的《安石榴赋》、傅玄的《石榴赋》、潘岳的《河阳庭前安石榴赋》、张协的《安石榴赋》等。此后，历代文人墨客对石榴吟咏不断，创造出大量的吟咏石榴的文学作品。李白、白居易、柳宗元、陆游、王安石、苏轼、欧阳修、唐寅、吴伟业、郭沫若、贺敬之等历代文学大师都有吟咏石榴的诗文。石榴花的艳丽、石榴果的饱满、石榴树姿的优美、石榴籽粒的甘甜、石榴的多种功效以及石榴团圆和谐的象征等，无不尽入文人诗怀。在文人的笔下，形容石榴的"天下之奇树，九州之名果""千房同膜，千子如一""五月榴花照眼明""微雨过，小荷翻，榴花开欲然""石榴酒，葡萄浆。兰桂芳，茱萸香""浓绿万枝红一点，动人春色不须多""雾壳作房珠作骨，水晶为粒玉为浆"等千古绝句，后人吟咏不绝。

西晋始，石榴赋大兴。晋代张协《石榴赋》说："烂若柏枝并燃，赫如烽燧俱燎"，把石榴花比作报警的漫天烽火，气势何等恢弘。而曹植把石榴花开比喻成美丽的少女："石榴植前庭，绿叶摇缥青。丹华灼烈烈，璀采有光荣。"潘尼的《安石榴赋》云："安石榴者，天下之奇树，九州之名果……华实美丽，滋味亦殊……朱芳赫奕，红萼参差。含英吐秀，乍合乍披……商秋授气，收华敛实，丹葩结秀，朱实星悬。千房同蒂，千子如一。缤纷磊落，垂光耀质，滋味浸液，馨香流溢。"潘尼以奇才妙笔，把石榴的花果状态、色味香形描写得百媚千娇淋漓尽致，令人垂涎欲滴，美不胜收。潘岳的《河阳庭前安石榴赋》："千房同膜，千子如一，御湿疗饥，解酲止疾。"对石榴的功能也做了介绍。

南北朝时期，石榴及石榴酒受到各朝皇帝们的青睐，出现了赞美石榴酒的诗歌。梁元帝萧绎《赋得咏石榴花》诗："涂林应未发，春暮转相催。燃灯疑夜火，连珠胜早梅。西域移根至，南方酿酒来。叶翠如新剪，花红似故栽。还忆河阳县，映红珊瑚开。"而文人江淹所写的《石榴颂》云："美木艳树，谁望谁待？……照烈泉石，纷披山海。奇丽不移，霜雪空改。"是时人对石榴刚烈性格的写照。

李唐时代，由于一代女皇武则天的极力推崇，人们对石榴的热爱到了鼎盛时期，一度出现石榴"非十金不可得"和"榴花遍近郊"的盛况。唐代皮日休对石榴的色香味倍加赞叹，其《石榴歌》说："蝉噪秋枝槐叶黄，石榴香老愁寒霜。流霞包染紫鹦粟，黄蜡纸裹红觚房。玉刻冰壶含露湿，斓斑似带湘娥泣。萧娘初嫁嗜甘酸，嚼破水精千万粒。"

对于石榴花果之美，诗人认识则有所不同。韩愈《题张十一旅舍三咏·榴花》诗云："五月榴花照眼明，枝间始见子初成。可怜此地无车马，颠倒青苔落绛英。"成为赞美石榴的千古名句。元稹《感石榴二十韵》云："何年安石国，万里贡榴花。迢递河源道，因依汉使槎。酸辛犯葱岭，憔悴涉龙沙……绿叶裁烟翠，红英动日华……"这首诗点明了石榴的发祥地，记载了张骞通西域的功勋，描绘了传递石榴的艰辛，赞美了石榴花的妩媚。而李商隐把相思融入石榴花中："曾是寂寥金烬暗，断无消息石榴红。"内心的寂寥与失望巧妙地化为外部景物，体现传统古诗情景交融、物我交融的意境。

"深着红蓝染暑裳，琢成纹玳故秋霜。半含笑里清冰齿，忽见吟边古锦囊。雾縠作房珠作骨，水精为粒玉为浆。刘郎不为文园渴，何苦星槎远取将。"宋朝诗人杨万里的一首浅吟低唱，直叫石榴美名传遍天下。宋代诗人李迪又赞石榴道："日烘丽萼红絷火，雨过菖条绿喷烟。"南宋的戴复古在《山村》中也写到石榴花："山崦谁家柳枝中，短墙半露石榴红。萧然门巷无人到，三友孙随白发翁。"山林深处，绿树掩映，榴花似火，寂静门巷，皓首老翁，天真幼童。诗人把山村人家平淡宁静的生活写得充满情趣。

元代诗人刘铉在《乌夜啼》中写到："垂杨影，里残红，甚匆匆，只有榴花全不怨东风。暮雨急，晓雾湿，绿玲珑，比似茜裙初染一般同。"元代杨维祯的《石榴》云："密帷千重碧，疏巾一搣红。花时随早晚，不必嫁春风。"张弘范《榴花》中云："猩红谁教染绛囊，绿云堆里润生香。游蜂错认枝头火，忙驾熏风过短墙。"将盛夏石榴花开灿如朝霞的情景写得十分生动。马祖常在《咏石榴花》诗中写道："乘槎使者海西来，移得珊瑚汉苑栽。只待绿荫芳树合，蕊珠如火一时开。"这首诗不仅道出了石榴的来源，也描写了石榴的开花时节及花朵之优美。明代诗人蒋一葵在《燕京五月歌》曰："石榴花发街欲焚，蟠枝屈朵皆崩云。千门万户买不尽，剩将儿女染红裙。"在赞美石榴的同时，生动的描述了石榴栽培之盛况。唐寅在《梅妃嗅香》一诗中写道："梅花香满石榴裙"，表明当时现实生活中石榴红为年轻女子珍爱的颜色。

清代康熙皇帝曾留下一首《咏御制盆景榴花》诗："榴树枝头一点红，嫣然六月杂荷风。攒青叶里珊瑚朵，疑是移根金碧丛。"康熙对石榴的描写和赞美出神入化。

书画意境中的石榴符号

石榴作为绘画题材，不仅具有适合于表现的形式感，而且具有寓意吉祥的象征意义，因而自古以来被许多书画家青睐。石榴作为花鸟画题材的一种，在晋代开始形成，到五代日趋成熟，五代时期花鸟画家的代表是黄筌和徐熙。徐熙曾画有《石榴图》，在一株树上画着百多个果实，气势奇伟，笔力豪放，摆脱了当时画院里柔腻绮丽之风。他用质朴简练的手法，创立了"水墨淡彩"。宋太宗见徐熙所画安石榴，认为"花果之妙，吾独知有熙矣，其余不足观也。"两宋时期，花鸟画家的代表是黄居采、崔白、赵昌、易元吉等，据《宣和画谱》载：易元吉的画"今御府所藏二百四十有五"，其中，《写生石榴图二》。但这幅《写生石榴图二》早已失传。明代著名画家徐渭、陈淳、沈周，都有画石榴的名作。早于徐渭的陈淳作有《仲夏望日为思斋作着色石榴小轴》，现亦失传。徐渭的《榴实图》《墨竹石榴卷》是存世石榴画中最著名的代表。现代国画大师齐白石、潘天寿，画家石鲁、杨永月、顾成海、曹瑞华、刘新安均有艺术品位极高的石榴画作品，被海内外藏家广泛收藏。曹简楼、刘新安两人，因擅画石榴，被书画界分别誉称为"曹石榴"和"安石榴"。石榴作为中国国画艺术的一个重要题材，业已形成了成熟的石榴画技法。

明代画家徐渭，留下一幅《榴实图》，气韵极其生动，下垂折枝，绿叶稀疏，缀托着一颗肥硕的大石榴，榴实绽露，似有一触即落之势。硕果成熟，向日开口而裂，饱满的石榴，滋润透明，富有质感。苍劲有力的枝干，稀疏松动的榴叶，豪放不塌，涉笔成趣，虽寥寥数笔，却处处有画境，笔笔见精神。画面上留有大块空白，使全图气势磅礴，境界开阔，给观者以无穷的回味。这幅画笔墨无多，但很耐看，细细体味画中的笔情墨趣，可以感受到作者深厚的艺术修养和笔墨功力，比一般大写意画家高出一筹。画面并题："山深熟石榴，向日便开口，深山少人收，颗颗明珠走"。作者缘物寄情，以深山石榴自喻，沉痛地抒发了他那胸怀"明珠"而无人赏识，被社会弃置的凄惨心情。而《墨竹石榴卷》，绘丛竹、折枝石榴各一，并各题七言绝句一首。题诗书法以行草笔意出之，奇崛纵横，洒脱无羁。

清·郎世宁《十骏犬茹黄豹》 |→

明·徐渭《榴实图》

刘子久（1891—1975）1947年作《石榴双禽》

石榴木雕 （王军供图）

张大千的《石榴》画面简练清雅，仅以一根茂繁的榴枝入画，枝头榴花则色泽鲜亮。

民间艺术中的石榴符号

吉祥文化凝结着中国人的伦理情感、生命意识、审美趣味与宗教情怀，是中国优秀传统文化的重要内容。石榴吉祥圆满、多子多福的寓意，使其成为中国传统吉祥文化的重要内容，是古代三大吉祥果（石榴、佛手、桃）之一，是最受欢迎的吉祥象征。古人在石榴身上寄托了对生活的美好愿望，在民间有着丰厚的历史积淀，其表现形式多种多样，渗透到中国传统民间艺术的各个方面，民间美术类有：石榴门神、石榴年画、石榴剪纸、石榴楹联等；民间服饰服装类有：石榴裙、石榴肚兜、石榴刺绣、石榴荷包、石榴鞋垫、石榴地毯等；传统工艺品类有：石榴盆景、石榴玉器、石榴瓷器、石榴饰物、石榴砖雕、石榴建筑纹样等。在这些传统艺术中，石榴常以"榴开百子""福寿三多""华封三祝""多子多福""宜男多子""富贵多子"等吉祥图案体现。

传统民俗中的石榴符号

石榴在民俗文化中具有极为重要的作用。每逢传统的端午、七夕、中秋等节庆日，以及庆生祝寿、婚丧嫁娶、祭祀庆典等重要仪式、活动，都会与石榴相关联，并通过口头传承、文字记载等途径，形成一种相沿成习的文化现象。

端午节女孩带石榴花辟邪气，端午门前挂石榴花辟邪纳福，中秋节用月饼、石榴供月祈愿阖家团圆、兴旺发达，给老人祝寿送石榴祝福长寿等习俗广为流传。中国传统婚俗中忌讳出现鲜花，但是石榴花和连招花例外。因为，连招花红色花瓣开自叶心，意喻女儿出嫁，石榴花则意喻多子多福。传统婚俗中用石榴预祝多子多福、婚姻圆满的习俗在国内极为普遍，如订婚聘礼赠给石榴或石榴花盆；新娘在自己的衣服内藏石榴；结婚礼品要有一对绣有大石榴的枕头；新房内置放切开果皮、露出籽粒的石榴；新娘给新郎绣石榴荷包；新娘亲手给新郎缝制绣有石榴莲花的鞋垫；窗户上贴上石榴为主题的剪纸；新婚夫妇常常把两株石榴树种在一起，称为"夫妻树""合欢树"，以取"玉种兰田、永结连理"之意等。这些婚俗，超越了地域、空间、时间的界限，很多至今仍然流行。虽然其表现形式、表现方法不尽相同，但无一不是通过石榴这一载体，表达了中国家庭对幸福美满的祈求和祝愿。

民间文学中的石榴符号

民间传说、民歌、民谣等民间文化，是古代劳动人民聪明智慧的结晶，是历史留给后人的宝贵非物质文化遗产。人民对石榴的热爱，使石榴成为民间文学描绘、歌颂的对象，有关石榴的传说、民谣、谚语、民歌、典故、楹联、谜语、歇后语等，脍炙人口，广为传播。爱穿艳丽石榴裙的杨贵妃、热爱石榴的武则天、美丽迷人的石榴仙女、引入石榴而神奇的张骞、刚正不阿的石榴花神石醋醋等都成为民间传说中不朽的传奇人物。陕西临潼、山东峄城、安徽怀远、云南建水等地关于石榴的民间传说尤为丰富。

"拜倒在石榴裙下"传说

唐代，出现"拜倒在石榴裙下"典故。渊源石榴裙即红裙子，是古代年轻女子的代称。据说杨贵妃非常喜爱石榴，唐明皇依其所好，在华清池、西绣岭等地遍栽石榴供其观赏。因石榴有"御渴疗饥，解醒止疾"之功能，当杨贵妃醉酒时，唐明皇一边欣赏其妩媚的醉态，一边剥石榴籽喂到她嘴里，朝中大臣对此极为不满，见到杨贵妃时对其侧目而视，拒不跪拜，她心中十分不快。一次，杨贵妃给唐明皇弹琴时，故意将琴弦弄断，唐明皇问其何故，杨贵妃说，大臣们对她不恭，见其不拜，司曲之神为其鸣不平，故而弦断。唐明皇信以为真，随即降旨，凡见娘娘不行跪拜之礼者，概杀不赦。此后，大臣们见到爱穿绣有石榴裙子的娘娘便诚惶诚恐，拜倒在地。

"石榴悬门避黄巢"传说

唐朝僖宗年间，黄巢领兵造反，天下大乱。端午时节，黄巢路遇一妇人疾走，妇人背着一个大点的孩子，手上却牵着一个小点的。黄巢奇怪，遂问缘由。那位妇人不识黄巢，说："黄巢杀了叔叔全家，只剩下这个惟一的命脉，万一无法兼顾的时候，只好牺牲自己的骨肉，保全叔叔的骨肉。"黄巢听了大受感动，告诉妇人只要门上悬挂石榴花，就可以避黄巢之祸。故此，有的地方出现了端午节门前悬挂石榴花的习俗。

"榴开百子"传说

石榴果多籽，古人把它当做生殖繁衍、子孙昌盛的象征物。古代的欧洲和西亚、南亚早已出现了石榴作为多子象征的风俗。在古希腊神话中，天帝宙斯的妻子赫拉是一位主管婚姻和生育的女神，她左手拿着一只石榴，石榴代表她拥有司掌子孙繁衍的神权。石榴传入我国后，也形成以石榴譬喻子孙繁荣的风习。晋王嘉《拾遗记》卷八叙述了三国时期吴国宫中的一则传说，就提到了把戒指穿挂在石榴枝上以祈求夫妇好合，得生贵子的一种仪式。南北朝时期的正史也有赠送石榴以预祝多子的记载。从此以后，订婚下聘或迎娶送嫁时互赠石榴的风俗就在民间广泛流传。

石榴民歌

石榴果实成熟时，大腹、小口、厚皮，罐形的果壳内有6个子室，种子颗粒半透明含浆汁，看上去像珍珠、玛瑙和白玉。古往今来，广受皇家贵族、平民百姓喜爱。民歌如《十月怀胎》中"小奴怀胎呀，怀胎九月九，嘴里无味呀，一心想吃个酸石榴"，体现了石榴民俗与人们生活之间的密切联系，后来民歌中《摘石榴》《绣石榴》等无不与人们的生产与生活有关。

宗教文化中的石榴符号

佛教文化认为："石榴一花多果，一房千实，故为吉祥果。一切供物果子之中，石榴为上。"洛阳白马寺、衡山法华寺等寺庙，均以栽植石榴树闻名。洛阳白马寺是佛教传入中国后兴建的第一座寺院，被誉为"中国第一古刹"。寺内石榴汉魏时誉满京师，"白马甜榴，一实直牛"的民谣曾广为流传。佛教建筑图案中，石榴图案往往是被神化的形象，常与比作圣树的贝叶棕和圣花的莲花结合在一起，石榴花被安排在莲花座上，两侧配以贝叶棕和莲花的枝叶。道教谓石榴为三尸醉，道家认为人身有"三尸"，包括上尸、中尸和下尸，皆为人身之阴神，即阴气。道教文化认为石榴能驱逐三尸，去除魔障，帮助修道。

伊斯兰主要的装饰手法体现在线条柔美的植物纹样、多变抽象的几何图形及书写硬朗的库法体经文中。石榴纹样便是植物纹样中的一种。在《新疆地毯史略》一书中也只有一处提到石榴纹样在罗布泊出土的汉魏时期的绯毛织物中就被采用。石榴纹样在我国较早的记载是在初唐敦煌莫高窟壁画的藻井、菩萨身后的头光中出现过石榴图形，并配合佛教喜爱的莲花、莨苕、牡丹、菊花一起使用。如此之少的文字记载也反映出石榴图形在伊斯兰教传入之前在本地已有应用，随着伊斯兰教的传入，给西域带来了一种新的世界观、人生观，也转变了西域人的审美意识和价值取向，石榴作为一种水果得到了西域人的普遍喜爱，石榴纹样因此得到了充分的发展空间。

南宋·刘松年《罗汉图》

石榴纹样与均衡和谐的《古兰经》美学相一致。伊斯兰石榴纹样自身的图形特点与伊斯兰装饰空间的需求完全吻合，主要表现在石榴外形见方，果实与花蕾都呈对称状。纹样的创作特色在于石榴的果实、枝梗、花叶无穷地交织、穿插、缠绕，可组成适合纹样和二方连续、四方连续的装饰图案。纹样的形式有三角形、菱形、正方形及"纳姆尼亚"等多种形式可用在建筑装饰的各个部位。在维吾尔族编织的地毯中也经常应用，石榴图形位置据地毯中央部分，将一组经过抽象的花、枝、叶、蕾、果实等，从二方连续形式向中央延伸，直到中心处，再折回来，作对称状布局。一般是以中心为轴进行对称，但也有以十字为界，作四面绝对对称状布局。在新疆少数民族室内的软装饰中也频繁出现。如窗帘、桌布、铜器等民族手工艺品。经工匠艺人的精心创意，图形吸收了东西文化艺术与宗教艺术的精华，逐渐形成了具有新疆特色的石榴纹样。公元60年西域都护府的建立标志着西域正式归属汉朝版图，随着汉文化的广泛传播，新疆的少数民族的审美观也受到了极大的影响。

红色是原始人最早崇拜的色彩，距今1万年前的山顶洞人用赤铁矿粉染饰物，并把它撒在人的尸体周围。神秘的红色被认为具有祛除妖魔和超度亡灵的威力。为缓和死亡的痛苦和恐惧，原始人用象征生命的红色涂抹在遗体上，在坟墓上撒上红色的赭石粉，希望死者来世再生。几千年来，中国人延续了祖先尚红的喜好，古时就有孔子疾呼"恶紫之夺朱"的言词流传至今。现今还有"红红绿绿，图个吉利"的说法，这都使得在绿叶衬托下的红石榴能够从室内装饰纹样中脱颖而出，也是与其他植物对比的优势之一。

佛教的密教中强调五种颜色，亦即白、黄、红、蓝、绿。密典Chandamaharosana 是这样描绘不同颜色的宗教功能：青为膜与杀，白为息且思，黄则禁制与利养，红则屈服与感召，绿色意为法术。因此象征不同佛性的五方佛便被赋予了各种成就里的五种颜色，对于禅定者，这些代表佛颜色有着不同意义。西方是阿弥陀佛，身体颜色为红，代表妙观察智，北方是不空成就佛，代表成所作智，亦你揭磨智，身体颜色为绿。此外在龟兹"克孜尔"壁画的研究中发现壁画中红色与绿色的使用较为常见，为石榴纹样的选用埋下了伏笔。因此公元13～14世纪伊斯兰教在新疆代替佛教，伊斯兰建筑装饰传入新疆后，维吾尔族艺人结合自己的喜好独特地发展了石榴纹样，给石榴纹样的创作输入了色彩艳丽、图形华丽的新鲜血液，在新疆伊斯兰装饰纹样中具有崭新的生命力。

中外文化脉络，总有许多是相似的。希腊神话中有一位叫赫拉（HERA）的主管婚育的女神，看其古代的造型，左手就是握着一只丰满多子的石榴。印度佛教中的一位名叫诃梨帝母的女神（专司人间子女繁衍的保护神），其形象为左手抱一个幼儿、右手拿着大石榴。古代波斯的专司人类产育的女神雅娜希塔的手里，托着的是一个装石榴的钵。

园林艺术中的石榴符号

石榴花、果、叶、枝、干均可供观赏，因而是中国最受欢迎的园林、庭院文化植物之一。上林苑、辋川别业、琼林苑、金谷园、圆明园、何园、个园等古代著名园林，都有石榴景观的记载或遗存。石榴是北京四合院中典型的标志性植物，民间有"天棚、鱼缸、石榴树，先生、肥狗、胖丫头"的俗语。不仅北京，石榴因其文化寓意，也是全国各地人们最喜爱的庭院树种。

石榴用于宫苑、庭园的美化，迄今已有2000年历史。石榴引种初期，主要栽植于京城长安附近的御花园"上林苑"和骊山的温泉宫（今华清池）内，是供皇子后妃观赏的。到东汉两晋南北朝时期，石榴已经有广泛种植，而成为当时人们园篱中的佳果。如果说西汉时期的石榴还以皇家宫苑种植，用来饷馈外宾、赏赐权臣和观赏，那么此时则开始融入普通士人阶层乃至民众的生活。

石榴树枝繁叶茂，四季皆美。初春，榴芽初萌，新叶红嫩，紫雾萦绕枝头，芽尖翠嫩如滴，充满春的气息；初夏，花繁似锦，红似火，黄似锦，白似雪，霞彩染山川，香气扑鼻，足以醉人；仲秋，硕果累累，皮丹籽红随风摇曳，恰似"八月石榴万盏灯"；深冬，扭曲的干枝古朴苍劲，千姿百态。

石榴在古今园林中应用颇多。小型盆栽的花石榴可摆设花台或室内观赏，大型的果石榴可栽在大盆内作立体陈设或作背景材料。花石榴喜光耐干旱，是阳台和屋顶养花的适宜花卉。石榴的老桩盆景，枯干疏枝，缀以果，甚堪赏玩。地栽石榴宜于阶前、庭间、亭旁、墙隅、小坡种植。虑及夏季开花的乔木品种有限，花期长、花大色艳、花果同赏的石榴市场前景非常广阔，既可地种点缀庭院，盆栽清供窗台案头，也可用在街头和城市的绿地中，还可建设石榴观光园等。

石榴根、干古朴盘曲，枝虬叶细，花果艳丽，花果期长达5个多月，是天然的优良盆景树种。石榴盆景是盆景艺术中的一颗明珠，是盆栽技术和园林艺术加工的巧妙结合。一个小小的石榴盆景，枝叶丛生，硕果累累，观赏期长，有花观花，无花观果，无花无果观景，情景交融，形成了"无声的诗，立体的画"，收到小中见大的效果，深受人们喜爱。在明朝人的插花"主客"理论中，榴花总是列为花主之一，称为花盟主；辅以栀子、蜀葵、孩儿菊、石竹、紫薇等，这些花则被称为花客卿或花使令，更有喻为妾、婢的。可见古人对石榴的推崇。

潘静淑（1892—1939）《石榴》　→|

葉
二
流
傳

文恭公金盃題句 湖帆移書于册端

静
淑

石榴的象征意义

中国石榴文化的核心特征，就是石榴的吉祥象征意义。石榴寓意吉祥，是三大吉祥果之一，象征团圆、和谐、幸福，象征中华民族的团结、统一，象征多子多福、后继有人、金玉满堂，象征爱情、友情、亲情，同时也是姓氏的象征、人们辟邪趋吉的象征。

团圆、和谐、幸福的象征

"八月十五月正南，瓜果石榴列满盘"，这是流传甚广的民谚。中秋佳节，时值石榴成熟。亲朋好友常常互赠石榴，"送榴传谊"；月圆之时用月饼和石榴等祭月，借石榴吉祥之意祈愿月神赐福；全家人品尝圆圆的石榴、月饼，以示阖家团圆、吉祥如意、美满幸福。各地习俗中，过中秋节，家中最不能缺少的两样东西，一是月饼，二就是石榴。民间何时开始用石榴祭月，何时开始有中秋吃石榴习俗，历史无从考证，但与石榴果实圆润，果实内千子如一，象征团圆、团结、和睦有很大的关系。佛教文化认为："石榴一花多果，一房千实（子），故为吉祥果。一切供物果子之中，石榴为上。"民间视石榴为吉祥果、中秋用石榴祭月这一习俗，也有佛教文化传播的因素。

石榴花火红艳丽，石榴果饱满圆润，石榴籽晶莹剔透，春华而秋实，与中国人大红喜庆、祈求丰收、阖家平安的心理愿望相吻合，从而赋予石榴红红火火、兴旺发达、繁荣昌盛、和睦和谐、幸福美满等吉祥的象征意义。

中华民族团结、统一的象征

石榴，多子多福的象征，恰如中华民族大家庭的多民族特色。石榴果成熟后，多室多子，籽粒饱满，颗颗相抱，正如我国五十六个民族紧密团结在一起。习近平总书记用"像石榴籽一样紧紧抱在一起"来比喻"各民族团结"，形象贴切、寓意深刻，饱含期望、

剪纸《四海升平》（冯雪创作，孙明春摄影）

意境深远。国家的统一、各民族的团结，是实现中华民族伟大复兴的重要保障。历史和现实一再证明：在我们这个统一的多民族国家中，各民族的团结直接关系中国特色社会主义事业的兴衰成败。因此，维护祖国统一、巩固民族团结，历来是党和国家民族工作的核心原则。党的十九大报告明确提出，要铸牢中华民族共同体意识，促进各民族像石榴籽一样紧紧抱在一起。

多子多福、金玉满堂的象征

古人常用"连着枝叶、切开一角果皮、露出累累果实的石榴籽粒"的图案，象征多子多孙，谓之"榴开百子"或"石榴开口笑"。其他常见的以石榴为主题的传统吉祥图案还有："福寿三多""华封三祝""多子多福""金衣百子""宜男多子""三多九如"等。"福寿三多"图案有的以佛手、桃子和石榴组合于一盘，有的使三者并蒂，也有的以三种果物作缠枝相连，寓意多子、多福、多长寿。"金衣百子"图案画着石榴和黄莺，寓意高官位显、百子围膝。"宜男多子"图案中把萱草和石榴放在一起者，寓意宜男多子。

石榴多籽与民间多子多孙的联想构思，通过口头、行为、心理、典籍记载等方式的世代传承，形成了祈求人丁兴旺、多子多福的民俗文化。并与"枣、栗子"（早立子），"连招花"等祝愿子孙繁衍的习俗融合，构成了我国社会民俗中独特的生育文化。其产生根源，主要是根深蒂固的"不孝有三、无后为大"封建思想影响，也与古代生育、生活水平低下，新生儿夭折率较高，人们祈求后代健康平安的心理有很大关系。现在看来，这种习俗已经成为阻碍社会经济发展的陋俗，但是在民间仍然有强大的生命力。以石榴多子多福为主题的民间工艺、民间习俗、民俗文学成为中国特色的文化遗存。

爱情、友情、亲情的象征

石榴花火红艳丽，花姿丰满，喻示女性之美，象征对爱情的热烈追求和向往。石榴果"万子同苞、金房玉隔"，意味着"多子"，象征美满的姻缘。并蒂石榴花、石榴果，比喻夫妇恩爱或男女合欢。石榴的"榴"字，与"留"谐音，寓意"留恋、爱恋"。各地民间亦有"石榴、石榴，安石结榴""石榴莲，连着你我结姻缘""对对石榴枝枝连，夫妻和好一百年""莲白藕同根生，石榴剥皮心连心"等谚语流传。石榴也是亲朋好友之间馈赠的最佳礼品，互相祝福祝愿，代表了亲人、朋友之间纯真的情感和友谊。

丰收喜悦 （唐堂供图） ｜↑｜

石榴红了 （张振洲供图） ｜←｜

张大千（1899—1983）《多子图》 ｜→｜

051

母亲形象的象征

早在六朝时，石榴多子意蕴就被用以寓意母亲的象征。潘岳《河阳庭前安石榴赋》记载，石榴千房同膜，千子如一，御渴疗饥，解醒止疾。描述了石榴的三个功用，即人们可以依靠石榴生存（御渴疗饥），又能繁衍子孙（千房同膜，千子如一），同时还能清醒地面对现实（解醒止疾），表明了"石榴树"是一棵"生命之树"，体现了母亲供养、生殖、多育的特征，而这恰恰是伟大母亲所具备的最基本的特征。

姓氏的象征

石姓与石榴的渊源深厚。来自神话传说的石榴花神，就叫石醋醋。唐天宝年间，崔玄微受石醋醋等花神嘱托，清晨在花枝上悬挂朱幡，保护百花安然无恙。安徽省绩溪县上庄镇棋盘村，原名叫石家村。村中的石氏宗族是北宋开国功臣石守信的后裔。该村建于明初，始祖石荣禄为安葬其父，求访风水之地。见此地风水颇佳，于是葬父庐墓于此，后来逐渐形成颇具规模的村落。村子虽小，家家户户遍植石榴树，象征石姓，以示怀念祖先，不忘祖先，同时寓意石姓发达繁盛。可以说，石榴是其"村树"。

辟邪趋吉的象征

石榴花盛开于农历五月。传说中的石榴花神之一则是钟馗，此时往往疫病流行，古人认为疫病是由妖魔鬼怪带来的，所以将钟馗请来镇守驱邪。而民间所绘的钟馗像，耳边往往都插着一朵艳红的石榴花。"榴花红似火，火红似朱砂"，朱砂色驱邪纳祥，故民间有"榴花攘瘟剪五毒"之说。古人端午节大多门前悬挂蒲、艾和蒜头，室内瓶中插满蜀葵、石榴和蒲蓬，妇女头簪艾叶和榴花等，素有"端午景"之称。

"红花（石榴花）是皇帝，红花辟邪气"是潮汕地区的俗语。潮汕民俗中，更是把石榴作为避邪祛凶之物，广泛应用于生活习俗之中。安徽北部地区女儿出嫁有"吃梨上轿、交石榴"习俗。古人造石拱桥，用糯米粉拌石灰、拌石榴籽来砌石缝，祈愿石桥永固久安。

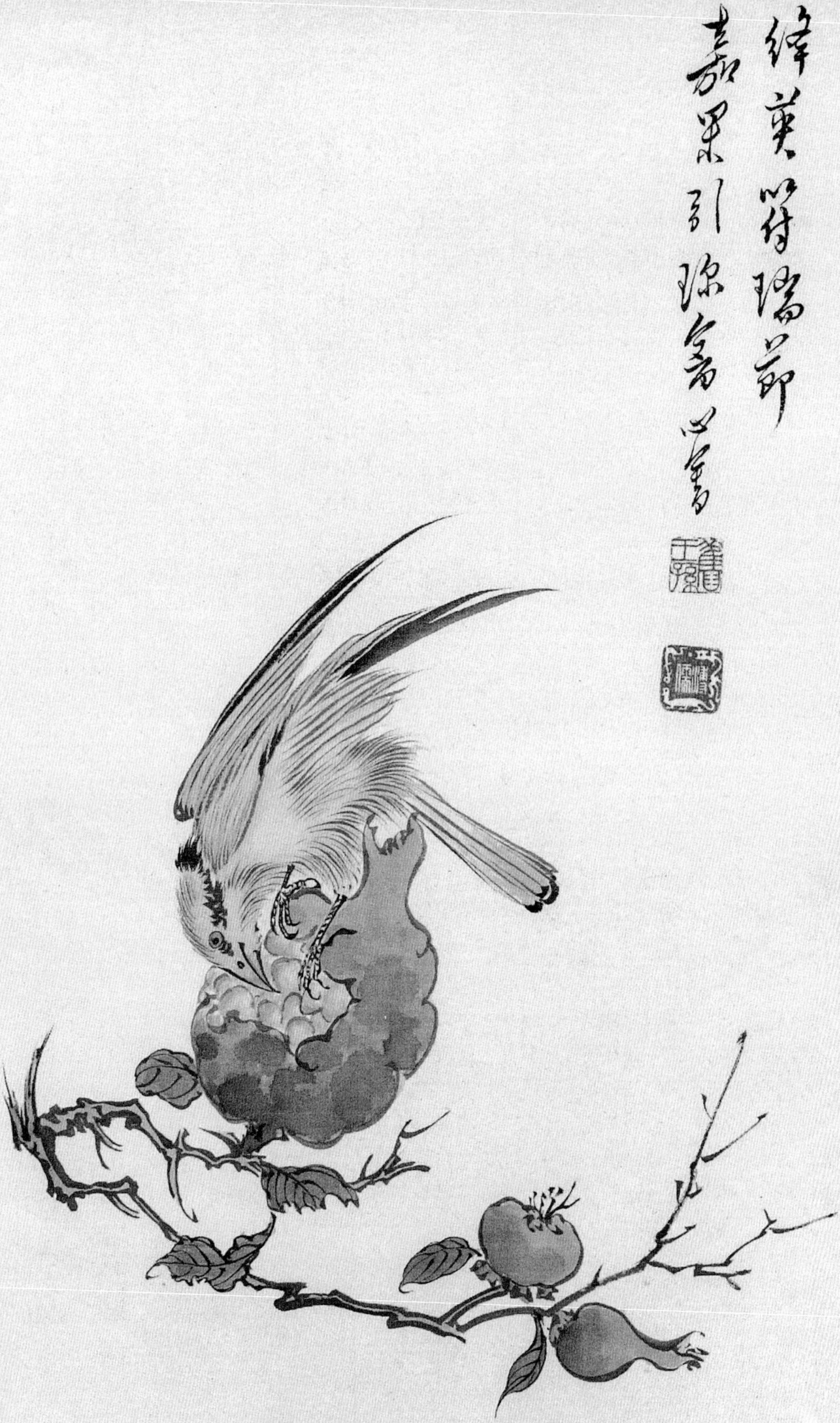

榴花西来

古丝绸之路·张骞·石榴

石榴原产古代波斯。波斯人称石榴树是"太阳的圣树",认为它是多子丰饶的象征。在日常生活中,他们用石榴做酱油,先把它浸在水里,用布过滤,使酱油有颜色和辣味。有时他们把石榴汁烧煮,请客时用来染饭,使饭的颜色漂亮,吃起来更加可口。从波斯古经到中世纪诗歌,对石榴多有记载和赞美。后来,航海的腓尼基人将它传到地中海地区。向东,则传播到中国、日本等国家。

石榴是中国引种较早的外来物种,至今有2100余年的栽培历史。西汉时经丝绸之路传入中国,民间亦有"丝绸之路三大果——石榴、葡萄、无花果"的说法。

"石榴酒,葡萄浆,兰桂芳,茱萸香",这是唐朝人眼中流光溢彩的丝绸之路,因为它添加了异域植物的芬芳和异彩。

我们今天看来,张骞出使西域,开通古代的丝绸之路,则是正式拉开了中外文化经济交流的大幕。如果说此前的中外交流尚处于涓涓细流的话,那么此时则是浩浩荡荡,势不可。面对着汹涌而来且又几乎完全陌生的外来文化,古人以空前开放、包容吸纳的心态,大胆引进、积极吸收和利用。中华文明之所以会在秦汉时期得到突飞猛进的发展,大规模吸收外来文明当是最重要的原因之一。

西域的石榴、葡萄、西瓜、无花果、甜瓜、苜蓿……沿丝绸之路去向东方,在东方扎下了根,开花结果,慢慢地与本土特征融合了,它变成了本土植物,加入了东方植物谱系。然而在偶尔回首间,它却在日益复杂而模糊的血统中辨认出自己的起源、自己的母土:波斯、阿拉伯、印度、地中海……

至今,形成了新疆叶城、陕西临潼、河南荥阳、山东峄城、安徽怀远、四川会理、云南蒙自等著名的石榴之乡。

美木艳树·天浆

石榴花明艳如火，石榴果圆润饱满，石榴籽风味优美、营养丰富。古人称赞石榴树为"美木艳树""天下之奇树"。石榴花红，盛开在农历五月。因此，榴花成为农历五月的代表花卉，称五月为"榴月"，称榴花为"五月花"。"五月榴花红似火""五月榴花照眼明""微雨过，小荷翻，榴花开欲然"等成为吟咏榴花之美的千古绝句。石榴果，被赞为"九州之名果"。形容石榴果"千房同膜、千子如一""雾壳作房珠作骨，水晶为粒玉为浆"。石榴汁液之美，"滋味浸液、馨香流溢"，喻为"天浆"，比作神仙才能喝到的琼浆玉液。

多子多福·吉祥果

石榴喻多子多福，是中国传统的三大吉祥果之一。正史载，北齐文宣帝侄儿安德王娶李祖收之女为妃，皇帝到李妃的娘家做客，妃母呈献两个石榴。文宣帝不解其意，这

莫高窟第323窟张骞出使西域（初唐）

时皇子的老师魏收说："石榴房中多子，王新婚，妃母欲子孙众多。"皇帝大悦，赐给妃母美锦两匹。自此始，中国出现了用石榴预祝新人多子多孙的风俗。

石榴花、果火红艳丽，吻合中国传统大红喜庆的心理定位；石榴籽粒多且丰满，契合传统中国家庭多子多福、团圆和谐的心理期望，致使石榴这一外来物种成为中国最受欢迎的吉祥象征，并衍生出各种各样的表现形式和表现手法。

杨贵妃·石榴裙

杨贵妃非常喜爱石榴，爱赏榴花、爱吃石榴、爱喝石榴酒、爱穿石榴红裙。唐明皇宠爱杨贵妃，不仅在华清池、太后祠等地广种石榴，并令百官膜拜贵妃，百官见她无不屈膝使礼，"拜倒在石榴裙下"的典故即由此而来。

"风卷葡萄带，日照石榴裙。""眉黛夺得萱草色，红裙妒杀石榴花。"石榴裙以其明艳色彩诠释浪漫情韵、展示动人心魄的魅力，以致后来，石榴裙成为女性以妖娆美姿吸引、诱惑男人的代名词，成为美丽女性的象征。

石榴花神·阿措·花朝节

石榴花花神阿措（亦名石醋醋）与杨柳花、李花、桃花花神借用崔玄微花园宴请风神，风神举止轻佻，碰翻酒杯弄脏了阿措的绯色衣衫。阿措拂衣而起："诸人即奉求，余不奉求。"阿措粉面含怒、怒斥轻佻的风神之后，拂袖而去，夜宴不欢而散。次日晚，阿措姑娘飘然前来求助于崔玄微，她请崔玄微准备一些红色锦帛，画上日月星辰，在二月二十一日五更悬挂在花枝上。崔玄微依言行事。届时狂风大作，但是有了彩帛保护，百花安然无恙。"崔玄微悬彩护花"故事后来演变成"花朝节"习俗。

阿措的形象不仅美得可爱，而且个性火辣刚烈、不畏强权，骄傲不逊。

汉丞相·匡衡·冠世榴园

石榴引入中国初期，主要栽植于新疆南部、陕西西安等地，后来逐渐推广至全国各地。陕西临潼是中国最早栽培石榴的区域之一，是中国石榴的发源地。其人工栽培的石榴古树群落主要分布于骊山北麓华清池两侧和秦始皇陵一带。

比临潼古石榴园面积更大、古榴树更多的是山东省枣庄市峄城区的"冠世榴园"，现存石榴古树面积0.08万hm²，百年以上石榴古树3万余棵，其树之古老、古树之多、集中连片面积之大、资源之丰富，为国内外罕见，被上海吉尼斯总部认定为世界之最，称为"冠世榴园"，目前已经被开发为国家AAAA级风景名胜区和古石榴国家森林公园。

"冠世榴园"是一片神奇的古榴园，之所以说它神奇，就在于它和陕西临潼、河南荥阳、安徽怀远、四川会理等石榴产地丰富的历史记载相比，古代文献记载寥寥无几。历史最早的记载是明万历年版的《峄县志》，记述峄地有果木二十有一，枣、石榴等尤佳它产，行贩江湖数千里，山居之民皆仰食焉。其他文献记述也不多，仅散见于当地明、清文人的诗文中。明潘愚《九日后再游青檀山》云："春暖榴园风景别，莫忘载酒此盘桓。"

据现代学者考证，汉丞相匡衡在成帝时，将石榴从皇家上林苑引入家乡丞县，即今峄城区栽培，已逾2000年。《山东省志·林业志》记载："汉成帝时，丞相匡衡即将石榴引种到家乡峄县一带。"但这一论点因缺乏历史文献记载的支撑，在石榴学术界颇有争议。但无可争议的是，这片壮观的古榴园历经朝代更迭，饱经风霜，事实上却仍然顽强地生长在这片贫瘠的山坡上。它在何时、从何地而来？有谁引来？怎么而来？如何发展到这么大的规模？仍然像一个神奇的巨大的谜团，还要后人继续去探索。

山东省枣庄市峄城区"冠世榴园"一角 （李金强摄影）

民谣中的中国石榴

"临潼有三宝，柿子、石榴和相枣""骊山石榴千年宝，代王火晶相桥枣"。陕西省西安市临潼区是中国栽培石榴最早、最著名的产区，至今已有2000余年。《西京杂记》记载，初修上林苑，群臣远方各献名果异树，有安石榴十株。临潼石榴主要分布于骊山北麓华清池两侧和秦始皇陵一带，总规模0.67万hm²，年产量8万t。品种有'净皮甜''大红甜'（'天红蛋'）'三白甜''临选2号'等，其中，'净皮甜'约占90%。素以色泽艳丽、果大皮薄、汁多味甜、核软鲜美、籽肥渣少、品质优良著称。

"乾隆下江南，来过石榴园。食过树王籽，饮过恩赐泉"。山东省枣庄市峄城区"冠世榴园"内石榴古树众多，乾隆下江南时，曾到此游览，所以至今当地流传这样的民谣。峄城是中国著名的石榴之乡，是中国石榴产业化发展最好的主产区之一。主栽品种有'大青皮甜''大红皮甜''青皮马牙甜''秋艳'等。'大青皮甜'果个大、果皮艳、外观美、含糖量高，约占80%。建有中华石榴文化博览园、国家石榴林木种质资源库、中国石榴博物馆和峄城石榴盆景盆栽园。

"吐鲁番的葡萄哈密的瓜，库尔勒的香梨人人夸，叶城的石榴顶呱呱"。新疆是瓜果之乡，品种繁多，质地优良，是新疆最绚丽的名片。以叶城为代表的南疆地区是中国最古老的石榴产区之一，也是我国鲜食、加工品质最优的石榴产区。总规模1.38万hm²，年产量5.72万t。可分为甜、甜酸、酸三类，为红皮、红籽品种，果形硕大，平均单果重400g，最重的1000g以上。主栽品种有'大籽甜''皮亚曼'等。

"庄河的石榴，山底的杏，寺沟的韭菜进过贡"。这是流传于陕西省咸阳市礼泉县、乾县一带的民谣。相传李世民的王妃长孙氏腹部胀痛，屡治不愈。食用昭陵附近庄河村的石榴后，胀痛烟消云散。于是李世民把庄河石榴定为唐朝贡品，因此便有了"御石榴"的称誉。'御石榴'平均单果重750g，最重的1500g。果皮、籽粒均为红色，汁多味美，酸甜可口。咸阳石榴种植规模已达0.2万hm²，年产量3万t。地处昭陵陵山山腰的肖山村'御石榴'基地已突破200hm²。

"河阴石榴甲天下""河阴石榴砀山梨，荥阳柿子甜如蜜""河阴石榴郑州梨，新郑小枣甜似蜜"。荥阳（原河阴县）的河阴石榴距今已有2000多年的历史。始栽于汉代，唐至明清备受历代王朝之青睐而为贡品。《河阴县志》云："河阴石榴名三十八子盖一房"；元朝王祯著的《农书》中称："石榴以中原河阴者最佳"。荥阳石榴发展迅速，总规模0.53万hm²，主栽品种'突尼斯软籽'，成为我国最早、最著名的'突尼斯软籽'石榴生产基地。

"白马甜榴，一实直牛"。这是一首魏晋时期在洛阳流传的民谣，语出北魏时期杨衒之《洛阳伽蓝记》。北魏时，洛阳白马寺的石榴，籽实肥大，味道甜美，魏帝非常喜欢，所以只供皇帝享用。皇帝高兴起来，有时也赏赐他人，获得者视同珍宝，转送别人，拿到市场出售，非常贵，因此形成这谚语。洛阳虽不是目前中国石榴的主产地，但新安县石井镇、孟津县石门村等地的石榴亦远近闻名。

"南澳出名甜石榴"。粤东孤岛南澳，产有饮誉中外的石榴，称"澳榴"。石榴花为南澳县"县花"、南澳岛"岛花"，是南澳的象征，因此南澳有"榴城"之称。主栽品种'白籽冰糖'石榴，籽白色，像冰糖，清甜可口。'白花榴'，又称'白拓石榴'，药用价值最高，因其根须是治疗败肾良药而闻名于世。南澳石榴相传在清朝中期由山东烟台总兵赠榴枝给南澳总兵而传入，至今已有200余年。澳榴行销内陆，远销我国台湾、香港及东南亚一带。海外赤子多把澳榴当作中秋佳品，祈求团圆吉祥，寄托思乡之情。

陕西省西安市临潼石榴 （张迎军摄影）

河南荥阳市软籽石榴基地 （姚方供图）

"黄里石榴砀山梨，义安柿子居满集"。产于今安徽省淮北市相城区黄里村。明嘉靖吴梦骞《隋年》载："黄里石榴颜色鲜美，气味芬芳，粒大籽软，汁甘而浓"。在清代曾作为宫廷贡品。品种有'淮北软籽1号''淮北软籽2号''冰糖籽''玛瑙籽'等。近几年，淮北市石榴发展迅速，烈山区、相山区、濉溪县等石榴栽培规模达0.5万hm²，总产3万t，成为国内重要的石榴主产地之一。

"乔阳的枣，孤山的梨，临晋的石榴，解州的鱼"。这是山西省临猗县广为流传的一个民谣，其中"临晋的石榴"说的就是临晋镇盛产的'江石榴'。'江石榴'果个大，单果重750g，最大1600g，其外观鲜红艳丽，籽粒晶莹红亮，味道酸甜可口，营养成分丰富，综合品质佳，耐储运。目前，临猗石榴规模已达0.2万hm²，是中国石榴相对集中栽培产地之一。

齐白石(1864—1957)《石榴多子图》 |↑|
清·邹一桂《榴花湖石图》 |→|

中国石榴古树遗存

石榴是一种古老的果树，是由野生石榴经过自然选择和引种驯化进而演变成栽培树种。现在伊朗、阿富汗和印度北部等地区，都有成片的野生石榴丛林。石榴引入中国初期，主要栽植于新疆南部、陕西西安等地，后来逐渐推广至全国各地。至今，各地仍然保留着不少石榴古树群落和石榴古树遗存，默默见证着历史与环境变迁，承载着厚重的人文和自然信息，成为珍贵的文化和自然遗产。20世纪80年代初，中国学者在西藏首次发现野生石榴古树群落，初步证明中国西藏也是石榴的原产地之一。

野生石榴古树群

《中国果树志·石榴卷》载，中国西藏和伊朗、阿富汗、印度北部等地区一样，也是石榴原产地。我国学者段盛娘等人1983年、曹尚银等人2012年在对西藏果树资源考察时发现，在三江流域海拔1700～3000m的察偶河两岸的干热河谷荒坡上，分布着古老的野生石榴丛林。存有数百年生以上的石榴古树，树高5～6m，最高达11m以上，干围1～2.5m，最大4.35m；多为散生，也有纯生林和杂木混生林；呈灌木或乔木状；酸石榴占99.4%，无食用价值，甜石榴占0.6%。三江流域干热河谷是十分闭塞的峡谷区，在古代几乎不可能是人工传播，因此初步认为西藏东部也可能是世界石榴的原产地之一。

人工栽培石榴古树群

陕西临潼是中国最早栽培石榴的区域之一，是中国石榴的发源地，其人工栽培的石榴古树群落主要分布于骊山北麓华清池两侧和秦始皇陵一带。临潼石榴以色泽艳丽、果大皮薄、汁多味甜、核软鲜美、籽肥渣少、品质优良等特点而著称。关于临潼石榴，历史典籍多有记载。《西京杂记》云："初修上林苑，群臣远方各献名果异树。……安石榴樗十株。"李商隐的《茂陵》诗曰："汉家天马出蒲梢，苜蓿榴花遍近郊。"宋敏求《长安志》载："……绕殿石榴皆太真所植。"与历史典籍相印证的是，今天的华清宫遍布石榴古树，但"贵妃手植榴"仅存一株，人称贵妃榴，至今已有1200余年，树高8m，干围1.6m，冠幅57m²。树体完整，老干新叶，岁岁花荣，年年挂果。临潼至今还有一种枝繁叶茂、花瓣叠叠、花色艳艳的观赏石榴，俗称"杨妃榴花"，当为纪念这位热爱石榴的倾国佳人。

山东峄城"冠世榴园"，现存石榴古树面积0.08万hm²，百年以上石榴古树3万余棵，其树之古老、古树之多、集中连片面积之大、资源之丰富，为国内外罕见。园内一棵'大青皮甜'古榴树，树龄500余年，树高6m，干围1.6m，干高0.4m，冠径9m，当地百姓称为"石榴王"。遭遇2015年年底和2016年年初的"世纪寒潮"后，"石榴王"的主干、主枝等地上部分被冻死，让人惋惜，后来"凤凰涅槃"般地又从根部萌蘖发出幼苗，这种"生生不息"的奇特景观也让人们感叹生命的顽强。

西藏林芝地区野生石榴古树 （曹尚银摄影）｜↑｜
山东省枣庄市峄城区"冠世榴园"内古石榴树 （曹华军摄影）｜↓｜

此外，新疆叶城和皮山、河南荥阳、安徽怀远和塔山、四川会理、云南蒙自和建水也留存一些面积不等的石榴古树群。

遍布城乡的石榴古树

石榴果实味美可口，营养丰富，石榴花、果、叶、枝、干等具有多方面观赏特征，而且寓意多子多福、团圆美满，因而是中国最受欢迎的园林、庭院文化植物之一。上林苑、华清宫、辋川别业、琼林苑、金谷园、圆明园、留园、拙政园、何园、个园等著名园林，洛阳白马寺、衡山法华寺、崂山上清宫等著名寺庙道观，都有石榴景观的记载或遗存。石榴是北京四合院中典型的标志性植物，民间有"天棚、鱼缸、石榴树，先生、肥狗、胖丫头"的俗语。不仅北京，石榴因其多子多福的文化寓意，也是各地人们最喜爱的庭院树种。因此，全国各地除了东北、内蒙古等极为寒冷之地外，大都有石榴古树遗存。

安徽《蚌埠古树名木》载：荆山北麓大圣寺后的古石榴有4株。其中一株玉石籽石榴，独株，树高4.5m，干围0.86m，冠径5m，树龄约300年。该树心腐枯得只剩下树皮卷成半圆形的瘤状物支撑着树体。该树结出的石榴个大如碗，核软汁多味甜，年产量百余千克。民国五年、十年、二十年和1954年，怀远大雪大冻，附近石榴大多冻死，唯有它与几株'玛瑙籽'石榴成活。

山东烟台玉皇庙有棵600年的三白石榴，白花、白果、白籽。与这棵老石榴树相对的是一棵苗壮的小石榴树，红花、红果、红籽。一老一少，一白一红，成为玉皇庙内的一景，被人称为"童叟奇观"。每年五、六月份，石榴花开，红白相间，分外妖娆。到了石榴果实累累挂满枝头时，笑迎着游客，别有一番景色。

古石桥缝中的石榴古树

古石桥、古石榴树浑然一体的奇特景观，是生长在石桥缝中的石榴古树遗存。原因就在于古人造桥，用糯米粉拌石灰、拌石榴籽来砌石缝，取"石留"之意，祈祷石桥永固久安，久而久之，其中一些生命力顽强的石榴籽，在外因的催化下，发芽长成了石榴树。

被誉为"沪上第一桥"的放生桥，是上海朱家角的标志性古建筑。桥两侧石缝里生长着几棵高大茂盛的石榴树，树高超越了桥栏。古桥、古石榴树和谐共生，形成了一道亮丽的风景线。上海嘉定严泗桥、青浦圣堂桥，浙江湖州潮音桥、杭州塘栖广济桥，江苏太仓庵桥、常州溧阳南渡桥、无锡清名桥……在这些古桥两侧的石缝间，或多或少地共生着石榴树，有的树龄几乎和古桥一样悠长，有些被列入当地政府保护的古树名木名录。"石拱桥留石榴树"，石榴与石拱桥共生的奇特景观，赋予了人们无限的遐想空间。

袁培基(1870—1943)《多子多福》

咱家有棵石榴树
——石榴与中国民居

　　"天棚、鱼缸、石榴树，先生、肥狗、胖丫头。"

　　这是过去北京广为流传的一句俗语，反映的是过去四合院内和谐别致的风景。

　　石榴树，是北京四合院里种植最多的一种树木，与海棠、玉兰、丁香、碧桃一道，意喻"玉棠富贵，多子多福"。老北京人对石榴树颇有情怀，早年中产以上的宅门儿，多用它点缀庭院，根据院落的大小，置数盆乃至数十盆，并以鱼缸杂列其间。每遇炎夏，高搭天棚以蔽烈日，闲庭信步在石榴树和鱼缸间，如置身清凉世界，令人心旷神怡。这样的夏日风景和古老的四合院一样，都是北京古老历史文化的象征。时至今日，随着城市的建设开发，四合院建筑越来越少了，可老北京人骨子里对石榴树仍然有着浓浓的割舍不断的情结。

　　其实，这"天棚、鱼缸、石榴树"只是中国人喜欢在庭院种植石榴的一个缩影。在中国，无论是皇家宫殿园林、显赫的大户门第，还是普通百姓的居家小院，几乎都会种植一棵或若干棵石榴树。实际上，石榴花果红似火，石榴果又可解渴止醉，有美观和实用价值，而广为民居庭院宅房栽植。济南四合院里讲究养花种树，喜欢在庭院里种石榴、无花果和丁香树。石榴春华秋实，寓意吉祥，带给人喜庆的心意，因此最受欢迎，也最为常见。四川阆中古城，古院落内、街道上都种有石榴树，但是它们主要用作观赏，石榴成熟了并不摘下来吃。在古城中天楼上看到的从天井里伸出的树多数为石榴树。晋商非常重视宅园的植物配置，规模较大的宅院，往往还辟有花园或后花园。如常家的静园、杏园，乔家的后花园等，这些名噪一时的宅院中最常见植物是石榴。台湾金门县民间有一则谚语："喆仔开花结谢榴"，谢榴即是"石榴"。金门民众喜欢在庭院栽种喆仔（石榴），"喆仔"谐音吉祥，花果色泽红艳讨喜，是一吉祥植物。甘肃天水著名的胡氏民居、张庆麟故居、杨家宅子、任其昌故居、哈锐故居、张氏宅院、冯国瑞故居等，在用花卉

古宅绿树 （王军供图）

草木美化庭院的时候，一般多选用牡丹、石榴、月季、丁香、萱草、菊花、梅花、葡萄等寓意吉祥、美好的植物，突出这些植物的象征意义。伊斯兰教认为：石榴生长在天堂花园中，是神为世人创造的最美好的东西。所以石榴树、指甲花、无花果、枣树、葡萄架、波斯菊等，是回族人家比较喜欢栽植的植物，这也从一个侧面反映出回族历史的渊源。位于安徽省阜阳市颍东区袁寨镇的程家大院，是清朝长江水师提督程文炳的宅院。院内一株古石榴树，据说是程文炳亲手栽种的。来这里参观的游人，大都会用手摸摸石榴树，说摸了会带来吉祥。位于西安清真回坊小吃一条街的高家大院，是一座拥有四百多年历史的古老宅院，门楣上高悬着一块牌匾"榜眼及第"，院内有一棵石榴树，据说它的树根年龄同古宅一样悠久。在这些地方，石榴树不仅是一种果树、一种观赏植物，更重要的身份是一种文化。在每一棵石榴古树的背后，都有一段或美丽或感人或有趣的历史故事。

现存最著名的石榴古树，是临潼华清宫"环园"的"贵妃手植榴"。唐天宝年间，"环园"景色美不胜收，密竹丛林、古腾缠绕、碧水蓝天、鸟语花香。桐荫轩、白莲榭、望湖楼、飞虹桥等建筑依山傍水，坐落其间。荷花阁在飞泉烟雾中如同蓬莱仙境。唐玄宗、杨玉环常到此轻歌曼舞，逗情说爱。杨氏兄妹有时也伴随观光。天宝八年（749）初春，唐玄宗在"环园"玩得十分开心，突然别出心裁地提出要杨氏兄妹五人在荷花池石隙里各种一颗石榴籽，看谁的种子能出苗、长势好。奇怪的是唯独杨玉环种植的石榴籽破土发芽了。几年后，一棵枝叶茂盛的石榴树开始吐艳结果了，杨玉环自然心中得意欢乐。有一次游园，唐玄宗问高力士："贵妃植榴为何长成五枝？"高力士眼珠转悠了几下答道："皇上是龙，娘娘是凤，树成五枝，形似龙足凤爪，是龙凤吉祥、国泰民安"。唐玄宗听了哈哈大笑。关于这棵石榴树通体疙瘩是怎么回事，人们众说不一，有人说杨贵妃吃了一颗从这树上摘下来的石榴，味道又涩又苦，一口唾在石榴树上，石榴树羞得全身长满了疙瘩。有人说是安禄山叛军闯入华清宫与御军厮杀时乱箭所致。不论怎么说，一千多年过去了，这棵石榴树新枝在老，老枝又新，但五枝树形未变，满树疙瘩未变，游人对它观赏的强烈欲望与追求文化内涵的心态未变。这正是：榴花开在榴枝上，千年岁月尽风光。苍老更博游人爱，站在此处话盛唐！

大奸臣秦桧的院子有棵石榴树，果实累累，有一天秦桧发现居然少了两个石榴，于是就装作什么也不知道。过了几天，秦桧召集官府里所有的亲信，亲自检阅他们的马匹，走到石榴树下时，他忽然回过头说："这棵树长在这里有些妨碍出行，拿把斧子来把它砍掉吧！"站在秦桧身后的一名亲信脱口说道："这棵石榴树的果实很甜，砍掉真可惜呀！"秦桧听了，冷笑着对他说："原来是你偷吃了我的石榴！"这名亲信只好拼命磕头求饶。从此，大家看到石榴树都躲得远远的，就算果实熟透落到地上，也没有人敢碰一下。秦桧的阴险狡诈、诡计多端从中可见一斑。

石榴本非中土植物，从西域传入到中国之后，首先栽植在皇家园林、宫廷，然后到官宦、大户人家，再到普通民居，然后再到园艺栽培，最后才形成新疆喀什、陕西临潼、河南荥阳、山东峄城、云南蒙自、四川会理、安徽怀远等这些著名的石榴产地。石榴以它顽强的生命力和较为容易的繁殖方式，被传播蔓延到中国的绝大部分地区，成为中国各地人们最喜欢的庭院文化植物。这一点，我们从许多古人诗文中也能得到证实。汉蔡邕《翠鸟诗》："庭陬有若榴，绿叶含丹荣。"晋潘尼《安石榴赋》："实有斯树，植于堂隅。"晋潘岳吟咏石榴的赋的名字就叫《河阳庭前安石榴赋》。这些表明，魏晋南北朝之前，石榴还是中国较为稀少的植物，主要种植在皇家及私人园林、庭院中。唐李商隐《茂陵》诗云："汉家天马出蒲梢，苜蓿榴花遍近郊。"说明唐朝时石榴已经进入园艺栽培，西安城郊已经出现了商品化生产。宋戴复古《山村》诗："山崦谁家绿树中，短墙半露石榴红。"宋姚宽《西溪丛语》卷上："昔张敏叔有十客图，忘其名。予长兄伯声，尝得三十客：牡丹为贵客……安石榴为村客。"说明宋朝时石榴已在中国传播的极其普遍，村里村外，都有生长栽培，被当做随处可见的植物，由此石榴被戏称为"村客"。明兰陵笑笑生《金瓶梅》第七回："里面仪门照墙，竹枪篱影壁，院内摆设榴树盆景。"清乾隆皇帝也有专门吟咏石榴盆景的诗作。这些证明，明清时期中国人的庭院中已经流行摆设石榴盆景。

中国民间认为"桑松柏梨槐，不进王府宅；玉兰枣椿棠，石榴王府旺。"因此宅院里忌种桑树、松树、柏树、梨树、槐树，相反，玉兰、枣树、椿树、海棠、石榴因吉祥的寓意，是宅院最受欢迎的植物。石榴具体栽在庭院的什么位置，民间也有讲究。民间有"向阳石榴红似火，背阴李子酸掉颚"的俗语流传。唐·李白《咏邻女东窗海石榴》："鲁女东窗下，海榴世所稀。"清陈淏子《花镜》："榴之红，葵之灿，宜粉壁绿窗；夜月晓风，时闻异香，拂尘尾以消长夏。"朱正昌编著的齐鲁特色文化丛书《工艺》载："山东农村窗前多种石榴树和夹竹桃。"石榴喜欢光照，古人将石榴树栽在墙边、窗前，栽在阳光充足的地方，一方面展现出古人的智慧，另一方面展现出古人心目中的"短墙半露石榴红"的诗情画意。在有些地方，如浙江永嘉与青田县交界一带，庭院和门口植树，民间向来有"左栽金罂（石榴）右栽柳"的习俗，寓意金童（石榴）玉女（柳）、金玉满堂。在有的地方，石榴树不仅是多子多福的象征，还是一个家族的象征。安徽省绩溪县上庄镇棋盘村，原名叫石家村。村中的石氏宗族是北宋开国功臣石守信的后裔。该村家家户户遍植石榴树，象征石姓，以示怀念祖先，不忘祖先，同时寓意石姓发达繁盛。在有的地方，石榴树是吉兆的象征。"冠裳累叶第，科甲榴花香。"此联为叶氏宗祠"南阳堂"的堂联。上联典指北宋叶涛，宋代处州龙泉人，熙宁年间登进士乙科，后以龙图阁侍制提举崇禧观，任直学士时王荆公赠诗中有"盖传累叶"之句。下联典指北宋叶祖洽，邵武人，熙宁初年登进士，时郡庠一石榴树未到时令，先结二实，人谓吉祥。榜发祖洽为第一，同郡上官均列第二，遂应"郡庠石榴，先结二实"之兆。同样的，叶姓宗祠也有四言通用对联"石榴应兆，累叶传芳"，太湖叶氏人家喜贴对联"奕叶家声远，双榴世泽长"及"双榴堂"的堂号，应该也是源于此典。在有的地方，石榴树有着更多的纪念意义。1946年5月至次年3月，中共代表团在南京与国民党政府进行和平谈判的时候，周恩来、邓颖超夫妇就住在梅园新村30号。在院南墙角的4棵石榴树因见证了这段历史，被列入南京市古树名木保护名录，以前石榴成熟的季节，有关方面都要派人带两个石榴到北京，送给邓颖超。其实，在有的地方，石榴树也是庭院经济的重要支柱产业。山东省枣庄市峄城区榴园镇的王府山村，位于"冠世榴园"景区的东大门，其家家户户的房前屋后、村里村外都是石榴树，有很多石榴树比房子还要古老，分不清是先建的住房再栽的石榴树，还是先栽的石榴树后修建的住房了。除了石榴树和高出的房顶，眼中别无他物。这里的石榴树，已经成为发展庭院经济和生态旅游业的宝贵资源，成为养活家人、发家致富的一个产业了。

　　端午时节，那棵靠着墙边的石榴树开花了。这棵树，也许是咱家的，也许是姥娘家的，也许是爷爷家的，也许是邻居二婶家的，也许是叫"赖子"、叫"三蛋"家的……这些都不重要，重要的是那棵"榴花欲燃"的石榴树，此时，早已触动了我们心底最美的儿时记忆——或许是奶奶在你头上插了一朵鲜红的石榴花，或许是母亲用碾碎的石榴花染红了你的指甲，或许你和儿时玩伴欢笑着在石榴树下跑过，嘴里还齐声高喊着："石榴树，石榴花，石榴底下是俺家，俺家有个小妹妹，妹妹的名字叫马大哈。""乌螺牛，爬墙头，开花—打纽—结石榴。""筛，筛，筛麦仁，麦仁开花结石榴。石榴皮俺吃了，石榴花俺卖了，叮叮当当开败了。你要胭脂俺要粉，咱俩打个溜溜滚。"也许，这是你一生心底都忘却不了的记忆。

贵妃手植榴 （王庆军摄影）

庭院石榴 （峄城区区委宣传部供图）

庭院石榴 （郝兆祥摄影）

石榴花儿红 （唐堂供图）

赵云壑(1874—1955)《石榴菊花清供图》

石拱桥留石榴树 〰️

石榴与石拱桥，本是风马牛不相及。

但是，长三角地区的古代石拱桥，却与石榴有着难解之缘，其两侧石缝里生长的植物最多的就是石榴树，形成了石榴与石桥浑然一体、和谐共生的奇特景观。

上海朱家角的古桥、名树很多。但凡古桥，大多共生着石榴树，唯独泰安桥的石榴树最为茂盛。泰安桥又俗称何家桥，始建于明代万历十二年（1584），为上海最古老的单孔拱形石桥，位于漕港河口的名刹圆津禅院门前。桥两侧的桥拱上，原先生长着两棵石榴树，枝叶茂密，俗称"夫妻树"。据说，当年，造桥工匠们为讨口彩，用糯米灰浆拌石榴籽来砌石缝，取其"石留"之义。那些生命力特别顽强的石榴籽，从石缝中发芽、生根，最后长成大树、丛树，石榴与石桥浑然一体，桥树合一，相得益彰，形成了和谐共生的独特景观，誉为"江南古桥一绝"。可惜的是，2003年8月19日，在古桥修复施工中轰然坍塌，"夫妻树"就此缘分断尽。坍塌之后，周围老百姓都痛心不已，许多老人纷纷落下了泪。古桥可以修旧还旧，但形成石榴树与石拱桥浑然一体、和谐共生的景观，恐怕还需要很长一段时间。

被称为"沪上第一桥"的放生桥，是朱家角的标志性古建筑。70余米长的五孔石拱桥，横跨漕港河上，雄伟壮丽，巍然屹立400余年。其桥两侧石缝里生长着几棵高大茂盛的石榴树，竟超越了桥栏。古桥、古石榴树和谐共存，形成了一道亮丽的风景线。

张驿旅的《漫游朱家角》一诗精彩描绘了朱家角和放生桥、石榴树的景色："万顷碧波淀山湖，千年古镇朱家角。原汁原味明清街，古色古香城隍庙。云烟升腾圆津寺，石榴倒挂放生桥。恋此江南水乡景，恨无长生不老药！"

沈善增先生著的《伟大的情人墙》一书里，有一篇文章赞美了朱家角镇泰安桥、放生桥与石榴树共生的奇特景象，文章的名字叫《石拱桥留石榴树》，作者以为这既是文章名字，也是一句绝妙的上联，可以用来征集下联，只是现在不知道有没有绝妙的下联来应对。

不仅上海朱家角，长三角其他地区的诸多古桥也有石榴树共生。上海嘉定安亭老街具有600多年历史的严泗桥，明嘉靖三十一年（1552）始建、清康熙三十三年（1694）重建的上海青浦练塘圣堂桥，明嘉靖十八年（1539）始建、万历三十三年（1605）重建的浙江湖州潮音桥，始建于明弘治二年（1489）的杭州塘栖广济桥，建于明代崇祯年间的苏州太仓沙溪庵桥，清乾隆年间始建、清同治十二年重建的常州溧阳南渡桥，始建于明万历间的无锡清名桥……，这些古桥两侧的石缝间，或多或少地共生石榴树，有的树龄几乎和古桥一样悠长。

石榴与石拱桥共生的奇特景观，赋予了人们无限的遐想空间。上海青浦圣堂桥周围至今流传着"孝妇插榴""蛇王守榴"故事。古时候，镇上有一个孝妇，被诬为杀死婆婆的凶手，定成死罪，行刑前，孝妇把发髻上戴的石榴花交付给旁人，让他插到石缝里，并说："若石榴在石缝里生长，就证明我是冤枉的。"孝妇屈死后，旁人按她的话，把石榴花枝插入这座桥的石缝里，石榴枝果然长了出来，而且年年开花结果。并传，"蛇王"日夜守护着石榴的枝、叶、花、果，使其更显神秘，即使石榴开花结果，也无人敢摘，就连天真的顽童也望而生畏，敬而远之。这样，日久天长，石榴越长越壮。有的还视古桥上的石榴树为神树，位于苏州市吴中区东山镇的渡水桥，是一座三孔石拱桥，中间的两个桥墩上方，一南一北长着一棵石榴树和一棵柿树，当地风俗把南面的石榴树叫做"凤树"，把北面的"柿树"称作"龙树"，暗喻"龙凤呈祥"，是当地的吉祥树。据说，当地文管部门曾以保护古桥为由，打算把这两棵树砍掉，但当地老年人认为把树砍掉会破坏风水，坚决不答应，甚至有人声称要以武力来保护这两棵树，最后只好不了了之。有的说，是小鸟吃了石榴，把石榴籽衔到了古桥石缝，天长日久，种子生根发芽，石榴开花结果。有的说傍晚有人在桥上吃石榴，吐出的石榴籽落到了石桥石缝里，然后生根发芽。还有的说是，古人造桥，用糯米粉拌石灰、拌石榴籽来砌石缝，取"石留"之意，祈祷石桥永固久安，久而久之，其中一些生命力顽强的石榴籽，发芽长成了石榴树。

其实，古人造桥，用糯米粉拌石灰、拌石榴籽来砌石缝，这一说法比较可信。据谭建丞所著《谈湖州的桥》记载："桥垛四角建桥时必放果核四种，桥成数年后萌芽成树。据说有香樟、松柏、枸杞、石榴。"朱惠勇《中国古船与吴越古桥》记载："邑人造桥时风俗笃厚，桥额旁造二条铁蜈蚣及龙门马面，以示镇桥。……桥基两垛必放有香樟、松柏、枸杞、石榴四种果核，桥成数年萌芽成树，可镇妖避怪，桥固人安。"

古代石拱桥是我国灿烂文化中的一个组成部分，是历代桥工巨匠精湛技艺的历史见证，显示出劳动人民的智慧和力量。古代造桥过程中出现"讨口彩"，用糯米灰浆拌石榴籽来砌石缝，取其"石留"之义，祈求桥固永安。现在看是一种迷信现象，但是反映了朴素的理想和愿望，也是可以理解的。石榴是最耐干旱瘠薄、耐盐碱的树种之一，不论其种籽从何处而来、怎么而来，处于江南较长时间的潮湿环境中，在石缝中发芽、生根、长大，有一定的科学道理，也是有可能的。淮河以北的北方石拱桥，目前还没有发现石榴与桥共生现象，可能是气候比较干燥，石榴种籽难以发芽成活的原因，即是佐证。

放生桥上石榴树 （王卫青摄影）

地名中的"石榴"

地名，作为一个地方独具特色的文化名片，往往承载着厚重的人文气息和鲜明的地域特质。其由来有很多种，有以自然实体中的山水命名，有以历史典故和传说命名，有以动植物名称命名……

石榴作为中国人心中的吉祥树木，用作地名的历史十分悠久。

元朝的杂剧《莽张飞大闹石榴园》，演绎的是三国（220—280）时期，曹操在许昌城外石榴园凝翠楼上摆下鸿门宴，把刘备请来，准备将他杀害，结果张飞大闹石榴园，挫败曹操阴谋的故事。说明三国时期就有"石榴园"这一地名了，但因为是在元朝的剧本中出现，似乎还不足为凭。正史《旧唐书》记载，仆固怀恩收复洛阳、河阳过程中，曾"转战于石榴园、老君庙"。充分说明，唐朝已有地方以种植石榴命名。"石榴园"这一地名的形成，应该是该地种植石榴较多的缘故。

目前，用"石榴、榴园、石榴园、榴花"等字眼命名的地名不胜枚举。

据不完全统计，乡镇一级的地名就有6个，即：山东省枣庄市峄城区榴园镇、江苏省连云港市东海县石榴镇、福建省漳州市漳浦县石榴镇、广东省广州市番禺区石榴镇、辽宁省锦州市凌河区榴花街道和湖南省湘西土家族苗族自治州泸溪县石榴坪乡。

山东省枣庄市峄城区榴园镇是匡衡故里，以盛产石榴而得名，是"峄城石榴"的发源地和集中产地，境内有著名的国家AAAA级"冠世榴园"风景名胜区。境内现存百年以上石榴古树3万多棵，最古老的一株"石榴王"远近闻名，传说乾隆皇帝下江南路过石榴园，曾亲手摘下这棵石榴树上的石榴，因此就有了"乾隆下江南，路过石榴园。食过榴王籽，饮过恩赐泉"这首民谣。目前，全镇成片连方石榴园面积达0.5万hm²，年产量达5万t，产值2亿元，同时开发了石榴苗、石榴盆景、石榴汁、石榴饮料、石榴茶、石榴酒、石榴药品等加工业和石榴生态旅游业，全镇有3万余人从事石榴产业发展。可以说，榴园镇名副其实。

福建省漳州市漳浦县石榴镇最具特色的地方名吃是石榴填鸭。石榴填鸭是清朝帝师蔡新从北京引入故乡漳浦的，既有北京烤鸭的风味，又有闽南咸水鸭的特色。石榴填鸭皮下脂肪厚，肌纤维之间脂肪多，形成红白相间的肉层。填鸭煮熟之后，把盐、五香粉、蒜泥混合后抹在鸭肉上，渗入肉中，风味独特，美味可口。不过，这一名吃，是因鸭子产自石榴镇而得名，先有石榴镇这一地名，后有石榴填鸭这一名吃。据说，以前许姓在这里开基，发现此地生长了大片野生石榴，因而称为"石榴坂"，石榴名字就此而来。石榴镇以前与南浦乡一带合称"车田"。民国时设石榴、象牙二乡，后又将石榴乡合并于象牙乡。1992年，设立石榴镇。江苏省连云港市东海县石榴镇、广东广州市番禺区石榴镇、辽宁省锦州市凌河区榴花街道、湖南省湘西土家族苗族自治州泸溪县石榴坪乡，这些地方，既不属于石榴主产栽培区，历史上也无盛产石榴的记载，地名中缘何带"石榴"两字，无从考究，但几乎可以肯定的是一定与石榴相关，或者该地曾有若干石榴树，或者该地流传与石榴相关的传说、故事等。

连云港市东海县石榴镇的镇名就出自东海孝妇故事，史载于《汉书》《王子年拾遗记》《太平寰宇记》《海州隆庆志》等。汉代女子周青，娘家在东海郡，被人诬陷杀害婆婆而被判斩首。临受刑前，她将平时喜欢的石榴枝插在地上，又要求竖起十丈竹竿，悬挂五丈白绫，当众立誓："我周青若有不孝大罪，情愿一死，鲜血当往下流，石榴枝即枯；周青若蒙冤而死，我求苍天有眼，应我三件事：鲜血往上喷满白绫；石榴枝开花，树大成围；六月飞雪覆盖我尸。"行刑过后，果然如周青所言，鲜血直往上喷涌，将高悬的白绫染成红色。本来是热烘烘的六月天，顿时乌云四起，寒风呼啸，满天飘起鹅毛大雪来。满城人号啕大哭，哭声数里，惊天动地。成千上万的老百姓涌出城郭，手捧泥土，立时为周青堆起了数亩方圆数丈高大的墓冢。再看石榴枝果然成活开花，过后长成了大树。周青的娘家人听说石榴树有灵，纷纷栽植，周围石榴树多了起来，以致石榴树成了村名、镇名。后来，元代剧作家关汉卿根据东海孝妇故事，创作出不朽名剧《窦娥冤》。

至于包含"石榴、榴园、石榴园、榴花"等字眼的村居、小巷、道路等的地名，遍布全国各地，多的无法统计。其中不少有着有趣的历史传说、典故。

类似东海孝妇的传说故事，也出现在南宋年间。说汉阳郡有一孝妇杀鸡侍奉姑母，不料姑母食鸡肉而亡。姑母的女儿将该孝妇毒害母亲诉于衙门，官衙判孝妇死罪。孝妇无法澄清冤屈，辩解无果。临刑前，孝妇将自己发髻上的一枝石榴花枝插入石缝中，对天冤呼"我若毒害姑母，让插入石缝中的石榴花立即枯死；若属诬告，石榴花可复生"。苍天有眼，明显其冤，插入石缝中的石榴花果然复活，且秀茂成片，血红如泪，时人哀叹，立塔表其事。孝妇的后人也迁徙到汉阳县鸦渡乡境内，也就是今天湖北省武汉市东西湖区慈惠街道石榴红村。这个村子里的居民一直喜欢种植石榴，一则表明喜欢石榴花所寓意的红红火火的幸福生活，二则是为了纪念那位孝妇。如今的石榴红村，开发建设了石榴主题公园，因为石榴而成为武汉地区远近闻名的乡村旅游景区了。

云南省玉溪市华宁县温水塘村，曾因盛产白花石榴，叫白花石榴村。这一年，皇帝下令搜集天下的白花石榴移植到御花园，当时村里在京城做官的胡翰林一听，立马找人捎话回老家，告诉乡亲们立刻将石榴树全部砍掉，并且把村名也改掉。说来也怪，那些白花石榴被砍掉以后，再长出来的石榴树开出的花就和其他地方的一样，也是红色了，白花石榴村也改名温水塘村了。

北京城内最大的一个回民聚居区叫牛街，和石榴有着莫大的关系。回宗正主编的《牛街礼拜寺》认为，牛街地名来源于穆斯林先民喜种植枣树和石榴树。于是逐渐把东西向的一条长街称"枣林街"，把南北向的街叫"榴街"，日久天长，人们说起"榴街"不如"牛街"顺口。又因回民多经营牛羊肉业，所以习惯上把"榴街"说成牛街了。

南京、金华、嘉兴、广州等各地历史文化名城，大都有以石榴命名的街巷，石榴巷、石榴弄、石榴岗、石榴路等；其他地名还有石榴河、石榴湾、石榴苑、石榴坪、石榴坝、石榴桥、石榴洞、石榴寨等，不一而足。但多是因为历史上曾经种植过石榴而得名，即使现在未必还存有一丝石榴树的影子。

也有用石榴命名寺庙的。河南省济源市思礼乡思礼村是唐中期著名诗人卢仝故里，其村北头武山脚下有个寺庙就叫石榴寺，建于隋朝，因寺周围有石榴林而得名。卢仝因得文学家韩愈的资助，曾于寺内读书。

用石榴作为地名的现象，作为中国石榴文化的一个重要组成部分，之所以非常普遍，想必是石榴相当普及和人们喜欢石榴的原因吧。

山东省枣庄市峄城区榴园镇"冠世榴园"南大门 （卢成凤摄影）

石榴与姓氏的渊源

因为石榴来自西域的安息国（今伊朗、伊拉克一带）和石国（今乌兹别克斯坦的塔什干一带），所以古时叫安石榴。安姓是以国为氏，起源于安息国。石姓的一支，也是以国为氏，起源于石国。所以石榴和安姓、石姓的渊源极深，既为"同乡"，又为"同姓"。

石榴如何传入中国，有几种版本。最著名的是张骞出使西域引来了石榴，但因正史没有记载，学术界也有争议。另一说法是在汉代随着佛经、佛像传入中国。洛阳白马寺是我国佛教的发源地，被誉为"中国第一古刹"。寺内石榴汉魏时誉满京师，"白马甜榴，一实直牛"民谣曾广为流传。还有一个说法，就是汉姓安的始祖安世高回中原始传佛教带来石榴树。

四川大学教授，著名的书画家、作家，世界华人安氏宗亲会创会会长安琰石先生考证：黄帝生昌意，昌意次子安，远居西方，建安息国，主要在今伊朗、伊拉克一带。昌意次子安，既安世高太子，潜心佛学，汉回中原，传译佛教，是佛经汉译的创始人，并从安息国带来石榴树。安世高太子定居洛阳，后裔汉姓安。

2010年10月，陕西省子洲县双湖峪本街的安姓家谱《安氏家谱——子洲安府志》付梓出版，安琰石先生专门创作族徽图腾并题词。族徽图腾由右边甲骨文"安"和左边"石榴树象征图案"组成，右边"安"字象征黄帝孙子名安、炎帝母亲安登，左边"石榴树象征图案"，意为石榴是汉姓始祖安世高从安息国带回娘家中原的纪念树。整体寓意：安姓是炎黄子孙，曾远居西方建安息国，汉朝又重归母亲怀抱，推动了中华民族大融合大团结；同时祈愿中原安姓及全球华人安氏宗亲就像石榴树一样常青千秋、共生吉祥。

《佛学大词典》《佛光大辞典》《中华佛教百科全书》解释：石榴乃鬼子母神所持之果物，因此果可破除魔障，故称吉祥果；一切供物果子之中，石榴为上。佛教建筑图案中，石榴图案往往是被神化的形象，常与比作圣树的棕榈叶和圣花的莲花结合在一起，石榴花被安排在莲花座上，两侧配以棕榈和莲花的枝叶。还有人认为，石榴是佛教四大圣树（茉莉、瑞香、忍冬、石榴）之一。足以表明，石榴与佛教的关系极为密切，是佛教文化中涉及的主要植物之一。安世高太子是佛经汉译历史第一人，传播佛教，同时传播佛教植物，也是极为可能的。姑且不论历史真实与否，仅仅从历史文化的角度来看，安琰石先生这一论点无疑是进一步丰富了中国石榴文化的内涵。

榴花心语 （陈允沛摄影）

石姓与石榴的渊源也很深厚。来自神话传说中的石榴花神，就叫石醋醋。唐天宝年间，崔玄微夜宴风神和众花神，风神举止轻浮翻酒弄脏了石醋醋的绯红衣裳，石醋醋拂袖而起，怒斥风神而去。风神恼怒，不日间掀起狂风。崔玄微受石醋醋等花神嘱托，早就在花枝上悬挂朱幡，保护百花安然无恙。这就是流传千年的"崔玄微悬彩护花"的传奇故事。石醋醋不畏强势、刚烈火辣的个性，犹如其身上绯红衣衫，受到了历代人们的喜爱，文人雅士多有吟咏。

安徽省绩溪县上庄镇棋盘村，原名叫石家村。村中的石氏宗族是北宋开国功臣石守信的后裔。该村建于明初，始祖石荣禄为安葬其父，求访风水之地。见此地风水颇佳，于是葬父庐墓于此，后来逐渐形成颇具规模的村落。村子虽小，但有很多特色。一是全村房舍、道路等整体为棋盘式布局，相传是石家以战功起家，模拟行军大营格局的缘故，又有一说是象征远祖石守信与宋太祖对弈的情形。二是家家户户遍植石榴树，象征石姓，以示怀念祖先，不忘祖先，同时寓意石姓发达繁盛。可以说，石榴是其"村树"。三是全村所有房舍和宗祠、厅屋均坐南向北。因为远祖石守信籍隶河南开封，而河南石姓发祥地甘肃武威，均在北方。为纪念祖辈，怀念故土之意。棋盘式布局也好，遍植石榴也好，房舍向北也好，无不表达石氏宗族的一种怀念，同时也是一种希冀与期盼。随着旅游的开发，现在的棋盘村，早已是安徽有名的古村落旅游胜地。

石姓在历史发展的过程中，名人辈出。与石榴有缘的名人，是石榴花三祖。各地很多石氏族谱记述，远祖石公广元，居山东沂州（今临沂），其妻到后花园赏花，在石榴花树下生下三胞胎，故名石榴花三祖。石榴花三祖于公元639年，迁居杭州藕丝塘。三祖均在朝为官，做出了一番成就。撰于清光绪年间的《神祖道源、道渊、道海三公记》记载："神祖发迹于杭州藕丝塘也。初，母颜氏六月六日，适花园石榴花树下，顷而分娩，应运而降，面赤形伟，幼精读书，文章冠世，数奇不遇，遨游江湖，访道名山，皇七以利朝野为事，唐贞观时上诏朝觐，敕封并职太尉，旋赠正。一冲天风火，院府部具奏石榴花兄弟均有隆龙伏虎之术，曾敷除魃作霖之功。上复加王位，任其行道天下，出京云游，随缘布化，阅历愈久，道学愈精，周施愈宏，遂入灵山，设讲堂而广训迪，伴丞相而作歌舞，居然神仙人也。白日飞升后，仍勤王事，备载杭州武威氏之谱牒久矣。"在这里，石榴花三祖已经被后人神话成仙了，表明了石氏后人对先祖的尊重和推崇。

石榴·海石榴·山石榴·番石榴

　　现在有很多人"望文生义"，统统将海石榴、山石榴，甚至也将番石榴都归入到石榴名下。在当今网络发达、人人都是"自媒体"的信息时代，将石榴、海石榴、山石榴、番石榴混为一谈，就更容易造成读者常识性错误认知，引起误导。事实上，石榴只是和海石榴关系较为密切，和山石榴有些渊源，而与番石榴是截然不同的植物。此文，试图将这几个相似的名字进行简单的梳理，以就教与方家。

石榴与海石榴、海榴

　　这几个名字关系最为密切。传统普遍认为，海石榴，简称海榴，石榴的异名之一，与石榴是同一种植物。宋代《全芳备祖》、清代《御定佩文斋咏物诗选》等古籍的"石榴"门下，都收录了一些吟咏海榴的诗词。在现代《词源》中，"海"字有这样一义："来自海外的物品。如海榴、海石花、海棠之类。"在《辞海》中，"海榴"条目明确地释为："即石榴，以自海外移植，故名。"在《汉语大词典》中这么释义："海榴，即石榴。又名海石榴。因来自海外，故名。"在今人编选的林林总总的花木诗选中，莫不将海榴归入石榴之下。如敦煌文艺出版社的《唐代林木诗选注》"石榴"条下收录了皇甫曾的《韦使君宅海榴咏》，陕西科学技术出版社的《花苑诗画》中收录了温庭筠的《海榴》，作家出版社出版的《石榴古诗六百首》中收录了大量吟咏海榴的诗。而有的学者认为，海榴不是石榴，是山茶。代表人物是文泉，其观点体现在《海榴与石榴》一文，发表在《中国茶花》创刊号上。也有的学者认为，海榴是海石榴的简称，既是石榴，同时也是山茶的异名之一。历史流传下的海榴诗词，有的是吟咏石榴的，也有的是吟咏山茶的。代表人物是陈俊愉、程绪珂和俞香顺。陈俊愉、程绪珂主编的《中国花经》载："隋炀帝有咏海榴诗。中晚唐时海榴始改称山茶。"俞香顺的观点体现在《海榴辩》一文，刊发在《文学遗产》2004年第二期。笔者赞同俞香顺的观点。

石榴本是异域植物，张骞开辟丝绸之路，引入中国。按照传统的命名方式，因为来自海外，称为海石榴，这似乎是一个很自然的结论。唐朝沈亚之《题海榴树呈八叔大人》："应笑强如河畔柳，逢波逐浪送张骞。"南宋戴复古《端午丰宅之提举送酒》："海榴花上雨萧萧，自切菖蒲泛浊醪。"宋朝方九功《海榴花》："春花落尽海榴开，奇种谁分宝地栽。"这里的海榴带有石榴引入者"张骞"、石榴花开"端午"、春花落尽等特有的石榴特征，表明此处的海榴即是石榴。而山茶花期在早春，有春之使者之称。以清代《御制佩文斋咏物诗选》"石榴门"下所收咏海榴诗为例：温庭筠的"海榴开似火，先解报春风"、李嘉的"江上年年小雪迟，年光独报海榴知"、杜牧的"趁得春风二月开"、皇甫曾的"腊月榴花带雪红"，无一不是咏山茶，而非石榴。再如，南北朝江总《山庭春日》诗曰"岸绿开河柳，池红照海榴。"这是迄今发现我国历史上最早的海榴诗句，此处的海榴当为山茶。《汉语大词典》在"海榴"词条下征引此诗，应该是引证错误。如何辨别古代诗文中的海榴是石榴、还是山茶呢，俞香顺提出了四种方法，即根据物候、产地、宗教特征和诗中情感意义来辨别。据此，他认定李白著名的《咏邻女东窗海石榴》"鲁女东窗下，海榴世所稀"中的海榴当为石榴。俞的观点虽然存在有待完善的地方，有的还有待商榷，但是其首次提出要辩证认知海榴、石榴和山茶，对于植物学、植物文化和文学研究等具有开创性的意义，非常值得肯定。

现代植物学里，石榴系石榴科，山茶系山茶科，界限分明。但在古人眼中，则因其花色相近，容易混淆。"海石榴"一名最早见于北魏《魏王花木志》："山茶似海石榴，出桂州。"其成书年代为507—556年。这一记述，可能是山茶称海石榴的开端，又同时验证了北魏之前石榴被称为海石榴的事实。江总的《山庭春日》诗的年代与其相当或稍晚，可能是中国第一首含有海榴意向的古诗。再晚一点的是隋炀帝《宴东堂》诗："海榴舒欲尽，山樱开未飞。"到了唐代，专门描写海榴的诗或诗句，在《全唐诗》中就有20多首，作者有李白、柳宗元、白居易、杜牧、温庭筠等大家，有些为吟咏石榴的，但更多的是吟咏山茶花。之后，海榴的诗词比较少见，从侧面印证了陈俊愉"中晚唐时海榴始改称山茶"的观点。元代张可久《一支花·夏景》套曲："海榴浓喷火，萱草淡堆金。"明代兰陵笑笑生《金瓶梅》："一日，将近端阳佳节，但见：绿杨袅袅垂丝碧，海榴点点胭脂赤。微微风动幔，飒飒凉侵扇。处处过端阳，家家共举觞。"此处的海榴花开在夏季和在端午时节，描写的明显是石榴。清代《广群芳谱》云："石榴，一名丹若……有海榴，来自海外，树高三尺。"又云："山茶……有海榴茶，青蒂而小。"《广群芳谱》似乎意识到"海榴"在名称上的复杂性，记述有些语焉不详。有趣的是，有些山茶、茶花文献也没有辨识海榴，把海榴统统收到山茶、茶花的名下，以证自身历史文化的丰厚。所以说，非常有必要把历史上海榴的文献，逐一认真研究并甄别，别让后人再闹出海榴都是石榴和海榴都是山茶的误会来。当然，要防以后不再以讹传讹，最为要紧的是修订汉典中关于

石榴花开 （张孝军摄影）　　　　　　　　山茶花 （郝兆祥摄影）

海榴的释义勘误。

石榴与山石榴、山榴

　　另一与石榴花色相近、名字相似的是山石榴，又称山榴。现代植物分类学认为山石榴是杜鹃花的别称，并早就成定论，是花卉基本常识。白居易在《山石榴寄元九》诗中早解释过："山石榴，一名山踯躅，一名杜鹃花。"但是，《全芳备祖》《广群芳谱》等古籍，以至于今人的花木诗选，误将山榴当石榴者还是代不乏人，屡见不鲜。《全芳备祖》"石榴"条下收录了杜牧《山石榴》；《广群芳谱》"石榴"条下收录了沈约《山榴》；《唐代林木诗选》"石榴"条下收录了施肩吾《山石榴花》、杜牧《山石榴》；《花苑诗画》"石榴"条下收录了白居易《山石榴花十二韵》、杜牧《山石榴》；《花鸟诗选》将山榴全部纳入石榴门下，《石榴古诗六百首》中收录了描写山石榴、山榴的诗……凡此种种，不一而足。

　　其实，石榴和山石榴应该是完全不同的植物。山石榴、山榴是杜鹃花的别称，又名映山红，属杜鹃花科植物，生于海拔200～500m的山地灌木丛或松林下，花色繁茂艳丽，为我国中南及西南酸性土壤的典型植物。农历三四月间，杜鹃花便如火如荼绽放于山野上，映得满山红遍。传说，古蜀国曾有位爱民如子的国君杜宇，他禅位后隐居修道。后来，羽化为子规鸟，此鸟别名子鹃，百姓为纪念国君杜宇，便称此鸟为杜鹃鸟。春季播种之时，杜鹃鸟应季飞来叫百姓"快快布谷……"嘴巴啼叫至流出鲜血洒遍山野，染红盛开的山石榴，人们就称此花为杜鹃花。因此，山石榴的典型特征是花期正值春季，另外诗词中含有子规、啼血等意向。南朝梁何逊《七召》："河柳垂叶，山榴发英。"唐朝白居易《题孤山寺山石榴花示诸僧众》诗："山榴花似结红巾，容艳新妍占断春。"唐朝陆龟蒙《子规一首》诗："高处已应闻滴血，山榴一夜几枝红。"这些都是典型的吟咏杜鹃花的诗句。在古人吟咏山石榴、山榴的诗文中，可以确定绝大部分为描写杜鹃花的。这一观点，从另外两个侧面也能证实。其一，石榴在中国各地的繁衍传播，衍生出30多个异名、别名和俗称来，且大都有历史记载或典故，之中却没有用"山石榴""山榴"作石榴的异名。其二，尽管各地的石榴也多是分布在山坡地上的，但有没有古人把"山坡地上的石榴"概括为"山榴"和"山石榴"的，直到现在也没有令人信服的证据。因此，历史上吟咏山石榴、山榴的诗文中，有些因语境、意境晦涩等原因，不能直观分辨出杜鹃花或石榴的特征来，而难以甄别，有待研究古文学、植物学、农业史等方面的专家进一步细致考证，逐一分析判断，笔者不能妄下结论。

石榴与番石榴

石榴和番石榴，虽然名字只有一字之差，但是它们仅仅果实形状有些相似而已，是两种完全不同的水果。前者是石榴科石榴属，后者是桃金娘科番石榴属。石榴浆果球形，果型一般比较大，表皮大多呈红色。番石榴浆果球形、卵圆形或梨形，果型相对要小一些；外表皮一般是青色或淡黄色，熟透时也有的呈淡红色，但少见。石榴果实外皮是不能直接吃的，只是食用内部的一颗颗籽粒；籽粒肉质，呈鲜红、淡红或白色，多汁，甜而带酸。而番石榴外皮是可以吃的，果肉白色及黄色，肉质粗硬，咬起来是硬的，味道酸甜，带有一股涩味；果实内部含有大量颗粒较小的籽粒，这些籽粒质地较硬，不可食用。两者唯一相同的都是外来植物，石榴引入中国2000多年，而番石榴传入中国300多年。石榴和番石榴区别这么大，但有的文献却将二者混淆，实在让人难以理解。日本药

映山红　（乔俊英供图）

学博士冈本顺子、理学博士冈本浩子合著的《石榴的惊人神效》一书，从药理性、食用性的角度出发，对石榴的神奇力量、超群效果、药用价值等进行了科学论述、剖析，非常值得一读。但此书在《在中国视为吉祥物》篇中却写到："广东地方由于它具备色香味，而将其称为'女人狗肉'。"广东男性嗜食狗肉，女性嗜食番石榴，所以人们俗称番石榴为"女人狗肉"。作者误将番石榴作为石榴收录其中，败笔无疑，稍感遗憾。

　　事实上，山茶、杜鹃都原产我国，都是中国人极为喜爱的传统名花，却因其花多红艳似火，在历史上某个时期与石榴扯上奇妙的关系。与石榴一样，也都是古代文人常用的意境或中心意境，诗词歌赋，吟咏不绝。以致造成了后人在名称和引用上的混乱，张冠李戴、混淆不分之事时有发生。我们通过上面的简单梳理，基本可以得出这样的结论：古人诗词中的"海石榴""海榴"一部分是石榴，一部分为山茶；"山石榴""山榴"应该是杜鹃；番石榴和石榴没有任何的关系，非此即彼。

吴昌硕(1844—1927)《石榴图》

多姿多彩的石榴异名

"石醋醋、三尸醉（酒）、三十八、村客、山力叶、字榴"，这些颇具独特个性的词语都是某种植物的异名。你知道是什么植物吗？答案很简单：石榴。

石榴是外来物种，石榴的异名完全是中西合璧的产物。由于石榴独特的内在品质和外在形象，石榴自古以来就受到各个阶层的普遍喜爱，成为历代文人墨客吟咏的对象，也造就了以吉祥为主题的石榴民俗文化。在长期历史栽培和文化演化过程中，形成了众多异彩纷呈的异名。可以说，没有其他任何一种果树的异名，能比石榴的异名众多，能比石榴的异名多姿多彩，能比石榴的异名内涵丰富。

石榴的其他异名还有：安石榴、若榴、若留、树榴、钟石榴、水晶榴、榭榴、栩榴、海石榴、海榴、西榴、丹若、塗林、茶林、天浆、沃丹、冉若、金樱、金罂、金庞、金杏、金乃、若榴木、吉祥果、瑞阳花等，据不完全统计，有30种之多。

安石榴、海石榴、海榴、西榴等异名，是按照石榴的来源起名的。古代中国人称石榴为安石榴，确切地说是"安息国和石国的榴"或"安石国的榴"，后来就简称为石榴了。古时候，塗林也指石榴。陆机曰："张骞为汉使外国十八年，得塗林。塗林，安石榴也。"石榴来自西方，故名"西榴"。"海榴、海石榴"，因来自海外，故名；也有说其种由东海新罗国（今朝鲜）引入，而名"海石榴"。

丹若、沃丹、冉若、若榴、若留等异名，是诗一样美丽的名字，多出自古籍或诗词。丹是红色的意思，石榴花火红色的最多，故名"丹若、沃丹"。若木，是古代神话传说中的一种树木，开红花，散发出光。古人认为石榴树像神树一样，故石榴异名中带"若"字的很多。"沃丹"的异名，按字面意思理解，是"丰饶的红色"，吻合了石榴花多而红的特点。明李时珍《本草纲目》记载："《齐民要术》云：'若木乃扶桑之名，榴花丹赪似之，故亦有丹若之称。'"汉张衡《南都赋》记载："梬枣若留，穰橙邓橘。"晋潘岳《金谷集作》诗曰："灵囿繁若榴，茂林列芳梨。"

"三十八"，这一奇特的名字，应该说是古时的一个石榴品种名，来源于唐代《种树书》。其记载："河阴石榴，名三十八者，其中只有三十八粒子。""天浆"石榴异名，则出自唐代段成式《酉阳杂俎》："石榴一名丹若，甜者谓之天浆"。这两个异名取自石榴的内在特征和品质。"三十八"石榴只有三十八个籽粒，这一特异的石榴品种目前还未见报道，似已失传。"天浆"则是形容石榴汁的甘美，"水晶为粒玉为浆"，美妙的滋味像是天上神仙喝的浆汁。古人仅仅用"天浆"两个字，就已经把石榴汁的甘甜形容到极致了。

"字榴"，是湖北咸宁地区对石榴的一种方言叫法，是中外结合所创造的典范。石榴多子，因而石榴成了咸宁民间多子多孙的象征，"石榴"也就被咸宁人民改造成了"字榴"。之所以叫"字榴"，是因为"字"的本义就是"生孩子"，《说文解字》："字，乳也。"段玉裁注："人及鸟生子曰字。"《广雅》："字，生也。""字榴"这一咸宁地区对石榴称谓的方言，其实是寄寓着人们对美好生活的一种期待和向往，颇有人情味。

"村客"这一石榴的异名，可能来源于宋代词人姚宽的《西溪丛语》，其将石榴列为花中三十客之一，戏称石榴为"村客"。

最富玄机的石榴异名则是"三尸醉（酒）"了，因为其出自道教。《道书》谓石榴为三尸醉（酒）。言三尸虫得此果，则醉也。范成大诗云："玉池咽清肥，三彭跡如扫。"道家认为人身有"三尸"，也叫三彭，包括上尸、中尸和下尸。皆为人身之阴神，即阴气。修道必须驱逐三尸，去除魔障。可能因为石榴的奇异药用价值和营养价值，能帮助道士修炼修为，故道家称石榴为"三尸醉（酒）"。和道教中石榴异名的玄妙不同，佛教中把石榴称为"吉祥果"，不仅通俗易懂，而且富有吉祥含义，广为民间大众所接受。从这一角度来讲，这也可能是道教日渐势微、佛教日渐广大的原因之一。

石榴异名中最趣味盎然的，是"石醋醋"，是石榴花神的名字。出自唐朝《酉阳杂俎》，穿着绯红衣的石醋醋个性火辣、刚烈，不是权势，愤而"骂座"。也有文献称之为阿措的。"石家醋醋喜穿绯""醋醋何妨荐酒巵"，这些后世诗人吟咏石榴的诗句，形容的就是她绯红衣裙和火辣味道。

石榴的异名极具地域特色。山东古时称石榴为"海榴"。石榴果实沉实，适生能力强，故山东民间戏称石榴为"石榴蛋子"。东北地区称石榴为"山力叶"，比较特殊，无从考证。河南称石榴为"海石榴"。在云南，叫"水晶榴"。在福建则叫"西榴"。在台湾，叫"榭石榴"。在西藏，则叫"森珠（西藏语）"。在浙江，浙南民间称石榴为"金杏"，平阳、苍南一带叫"金乃"。其中还有一段有趣的历史。古代，温州属吴越地区，五代归属吴越国管辖。武肃王钱镠为王，定都杭州。因"榴"字和"镠"字谐音，犯了国讳，为避讳改"石榴"为金樱。在发音时，用浙江方言口语（白读），"罂"字则读作"杏"。温州人就一直把石榴叫做"金杏"了。石榴在维吾尔语中被称为"阿娜尔"，"阿娜"是母亲的意思。许多姑娘取名为"阿娜尔汗"（石榴姑娘）或"阿娜尔古丽"（石榴花）。古代一个合格的母亲，要有极强生育能力来承载家族繁衍兴旺，犹如一颗硕大籽饱的红石榴。姑娘在她幼年的意识里，母亲就会自觉或不自觉地给她灌输"要做石榴一样的女人"，因而才有了"石榴花一样美丽的姑娘"。

石榴多姿多彩的异名，见证了石榴不断繁衍发展的历史，证实了石榴文化内涵传播的深远和广泛，也使石榴文化多了一种神奇的韵味。

老家有喜 （马丽摄影）　石榴多籽 （高明邵供图）

榴园欢歌 （洪晓东摄影）

石榴谚语中的"农时节令"

石榴来自西域，虽是外来物种，但在长达2000余年的栽培实践中，各地榴农总结了众多石榴农事与物候相关的谚语，时至今日，仍然对石榴科研和生产具有重要的指导意义。

"清明插石榴""春季石榴口"

这两则农谚，流传于山东峄城等北方石榴产区。清明前后（3月底4月初）为树液流动和树体萌芽期，是栽植石榴和育苗的最佳时期。榴农既要栽种石榴树，也要扦插繁殖苗木，又要进行嫁接改良、施肥、打药、剪枝等，是榴农最繁忙的时节，因而像三夏期间俗称为"麦口"一样，被榴农称为"春季石榴口"。此时，云南、四川等南方石榴产区，萌芽、展叶较早，早已进入"榴花似火"的盛花期。

"小满石榴黄喷喷""夏至石榴花开照眼明""石榴花开端午"

这是三则反映石榴花期的农谚。小满，公历5月21日前后；夏至，公历6月21日或22日；端午，一般公历5月下旬至6月上中旬。小满、端午和夏至，春夏之交，正是北方石榴的盛花期，因为时值农历5月，所以古人又称5月为"榴月"，称榴花为"五月花""五时花"。

"石榴花开小麦黄"

这是流传在山东峄城石榴产区的一则农谚，反映了石榴花期和小麦成熟期一致的客观规律。当地丘陵地带的麦子收割时期，与石榴的初花期相吻合；平原地带的麦子收割时期，与石榴的盛花期相吻合，前后相差10天左右。

"石榴花开不害羞，接二连三开到秋""石榴花开红三红"

这两则农谚说的是石榴花期长、多次开花、花果相伴的现象。石榴的花芽分化在每次新梢停长之后各有一次分化高峰，一般有3次，分别为4~5月、6~7月和9月份，因而，石榴显现出多次开花、花果相伴现象，只是第一次石榴盛花期（北方5月下旬6月上旬）之后，由于大量的水分和营养物质转向果实生长，第二、三次开花的花量远不如第一次的多而旺盛。观赏石榴由于结果小、少，甚至不结果，与开花需要的养分竞争不激烈，所以第二、三次开花的花量则与第一次盛花期相差不大。

"六月六，压石榴"

这则谚语流传于陕西、河南、山东等北方石榴产区。六月六，公历7月上旬，时值北方雨季，榴农随手把石榴萌条压倒，埋进周围的土壤里，利用雨季湿润土壤和空气，促进其生根、生长，到秋季落叶就能长成一棵苗子。这是古人充分利用自然繁育石榴种苗的一个传统做法，直到现在，一些地方仍然沿用压条办法来培育苗子。

"七月七，龙眼黑石榴裂""处暑石榴口正开"

这是两则流传在苏州、上海、浙江等南方地区的谚语。七月七，公历8月中旬；处暑，代表夏天暑热正式终止，一般为8月23日前后。这两则谚语反映了石榴采摘前容易裂果的客观规律，因为经过夏季长时间的伏旱、高温和日光直射，致使外果皮组织受到损坏，分生能力变弱，而内部种子生长始终处于旺盛期，种子和果皮的内外生长速度差异，导致裂果。另外，环境水分的剧烈变化也会加重石榴裂果现象。

"七月半，石榴当饭""寒露三朝采石榴""九月九，卸石榴""九月九，摘石榴""九月九，剪石榴""秋季石榴口"

这是几则反映石榴成熟期和采摘期的谚语，在我国石榴产区广为流传。七月半，一般在阳历8月。此时，江浙一带和四川会理的石榴进入成熟期，北方地区的部分早熟品种，如'峄城红皮甜''峄城三白甜'等虽未完全成熟，但是也可食用。"七月半，石榴当饭"的农谚，非常直观、精炼、形象，形容此时石榴熟了，可以供人采摘食用。此后，到中秋节、至寒露（10月8日或9日）、九月九（阳历10月），北方石榴的中熟、晚熟品种相继成熟上市。因为大量果实成熟上市，也是榴农最忙碌的季节之一，因此又俗称为"秋季石榴口"。

庚辰之桃難乎移石榴啖勝鮮荔支榴皮辟上儂題詩人非束老六辧顔壽翁下筆詩尤奇非僊神妥鉛槧惆仁兄五十六壽頌之乙丑春吳昌碩時年八十二

石榴谚语中的科学

　　"谚，传言也。"而农谚则是我国农民千百年来总结、锤炼，以生动简短的语言，交口相传，世代相袭，传授农业生产经验的通俗语言。具有地域性、普遍性、概括性、科学性、群众性、通俗性等特点，蕴藏着丰富的文化、科技内涵，是农民智慧的结晶，是农业知识的升华，是我国农业的宝贵遗产，是中华民族的文化瑰宝。石榴谚语则是2000多年来，我国石榴产区果农在石榴生产实践中积累起来的经验结晶。直至今日，石榴谚语依然熠熠生辉，其指导意义不断被运用到石榴生产当中，在传播石榴科技、促进石榴生产发展方面起到了巨大的作用。

　　"地向阳，石榴强""阳坡石榴阴坡松，沙杨泥柳才茂盛""向阳好种榴，背阴好插柳"

　　以上3条石榴谚语在河北元氏、陕西临潼、山东峄城、安徽烈山等我国北方石榴产区广为流传。石榴原产亚热带、温带，喜温畏寒；在生长季节要求≥10℃积温在3000℃以上；石榴树冬季虽能忍耐一定的低温，但在-17℃以下时，则会出现冻害；在平原、低洼地则容易发生"倒春寒"危害。石榴属喜光树种，光照充足，则生长结果良好。3条石榴谚语均告诉我们，在我国北方石榴产区新建石榴园，一定要选择背风向阳的山坡中上部进行栽培；坚决避开阴坡、山脚下低洼处以及冷空气容易聚集的地方；对于不耐寒的'突尼斯软籽''以色列软籽'等石榴品种（俗称无籽石榴），其露天栽培北限为山东省枣庄市峄城区。如果在此纬度栽培，也只能在背风向阳山坡上部，且必须进行高接换头栽培；若采取设施栽培，则另当别论。

"栽石榴埋过腰，栽后不用浇""栽石榴猛砸，栽后一定发芽""石榴要砸，不砸不发""深栽实砸，石榴发芽"

以上4条石榴谚语在我国南、北方各石榴产区流传甚广。适用于石榴扦插育苗、直接扦插建园、苗木定植建园等农事活动。谚语提示我们，无论扦插育苗、扦插建园，还是利用苗木定植建园，均需要插深或栽深，并及时将树穴踏实，防止插条或苗木根系与土壤接触不实，影响生根、发芽。只要做到深栽实砸，就能够提高石榴苗木成活率，也有利于石榴苗木健壮生长。

"石榴园，忌夏田"

这条谚语在新疆、河北、山西、陕西、河南、山东、安徽等我国北方石榴产区多有传诵。意思是说，在石榴幼树时期，由于石榴树冠较小，可以适当地间作其他作物，但间作以秋季、矮秆作物为宜，最忌夏季间作和间种高秆作物。豆类、瓜类是最适宜的间作作物。

"石榴多浮根，松土不宜深"

本谚语在我国南北方各石榴产区都有传承。除新疆等少数地方外，我国石榴多栽种于山地或坡地，土层不深，石榴根系分布较浅。因此，无论冬春深耕，还是夏秋中耕除草，均要注意不要太深，石榴根系分布集中的地方更要注意浅耕，以减少因耕作对石榴根系造成的伤害，有利于石榴树生长。

"石榴树膛要空，树尖要灵"

该谚语在我国南北方各石榴产区均有传扬。由于石榴树外围枝叶遮挡，石榴树内膛枝条多是细、软、弱、垂，内膛叶片多是面积小、颜色淡、枝叶功能差，不仅开花结果不好，而且消耗树体营养。在管理上可以适当疏除，保持石榴树内膛枝叶疏密得当。同时要注意疏剪石榴树顶端枝条，防止顶端枝叶过密，以利改善石榴树中下部光照，有利于石榴树整体的生长、开花、结果。

"不怕石榴老，就怕管不好"

这条谚语在陕西、河南、山东、安徽等我国北方古老石榴产区广为传播。一般情况下，石榴苗木栽植后3～5年进入初果期，8～10年进入盛果期，经济结果时间可达30～50年，寿命可达百年、几百年。因石榴树潜伏芽、隐芽、不定芽较多，其自我更新能力很强。只要注意加强管理，石榴老树很容易更新复壮，故而有"不怕石榴老，就怕管不好"之说。

"石榴开花不怕丑，滴滴拉拉开到秋"

在我国南北方各石榴产区均有这一说法。通过该谚语和实际观察，每年3～6月，从滇南山区、金沙江干热河谷地带，到长江、淮河流域；从苏北鲁南，到河北太行山区，石榴花次第开放，石榴果先后长大、成熟，直到深秋仍有少量石榴花开放。这条谚语一方面告诉我们，石榴树比较容易形成花芽，此生物学特性有利于石榴开花、结果；另一方面也提醒我们，石榴树坐果之后再开花，容易造成养分竞争、损失，生产中应注意及时疏除，以节省养分，促进石榴果实生长。

"石榴花开三，越早越值钱"

这条石榴谚语在我国广大石榴产区妇孺皆知、流传甚广。石榴果实生长期约120天，石榴开花愈早，果实成熟亦早，越能卖出好价钱。故有"石榴花开三，越早越值钱"之说。

"少留头花果，选留二花果，疏除三花果，年年丰收结大果"

该条石榴谚语在我国广大石榴产区，特别是我国北方石榴产区家喻户晓，应用也最为普遍，效果也比较显著。在我国北方石榴产区正常年景下，当地山地收割小麦之时，多是石榴初花期（果农俗称头花、头茬花、头盆花、头批花）；平原地区收割小麦之时，正是石榴盛花期（果农俗称二花、二茬花、二盆花、二批花）；麦收结束为末花期（果农俗称三花、三茬花、三盆花、三批花、末花）。由于石榴初花期正处在石榴树营养生长、生殖生长并存时期，加之花量大、温度低，营养不足、分散，石榴花器发育不良，多为败育花、畸形花（钟状花）。因此，对石榴的头茬花，除选留个别发育非常好的完全花（筒状花）外，其余的败育花（钟状花）应及早疏除，有利于节省营养，促进二茬花分化、发育、开花、坐果。石榴盛花期，石榴树体营养生长基本完成，枝叶功能比较完善，树体营养相对集中、充足，二茬花中完全花的比例较高，生产中要尽可能多得保留二花果。待自然落果后，根据树体大小、营养状况等，适时选留适宜数量的二花果，之后再开的花全部疏除，节省营养，促进来年开花结果。

"要想石榴结得好，还得蜜蜂把花咬"

本条石榴谚语在我国各石榴产区均比较流行，应用也十分广泛。石榴为两性花，自花授粉能够结实，但异花授粉能够提高坐果率，还可以促进石榴内部籽粒全面发育。因此，在石榴花期放蜂，不仅可以收获蜂蜜，还可有效提高石榴坐果率和产量，一举两得。

"走马看青果"

这条石榴谚语在我国有关石榴产区多有流传。我国石榴品种达300余个，多数为红花。红花石榴品种授粉受精之后，花器慢慢变成了小石榴，当小石榴长到小鸡蛋大时，果皮逐渐变为青绿色。正常情况下，此时完全能够确定石榴坐果数量。如果坐果过多，可以疏除过密、弱小、畸形之果，保留合理的负载量。

"旱结石榴、涝结枣"

此谚语在我国有关石榴产区家喻户晓、妇孺皆知。它告诉我们，石榴整个花期，如果天气相对干燥、光照充足、温度高，有利于石榴开花、授粉受精和坐果；如果遇到阴雨天，空气湿度大、光照少、温度低，则不利于石榴开花、授粉受精和坐果。而枣正相反。因此有"旱结石榴、涝结枣"之农谚流传（作者：侯乐峰）。

走马看青果 （邵泽选摄影）

石榴红了 （郝兆祥摄影）

石榴歇后语中的科学

歇后语是自古以来中国劳动人民在生活实践中创造的一种短小精炼、幽默风趣、形象直观的特殊语言形式，给人深思和启迪，品味生活，明晓哲理，提升智慧。其中不少涉及石榴的歇后语，风趣形象地反映了人民对石榴特性的科学认知。

反映石榴裂果特性的歇后语

"八月的石榴——合不上""八月的石榴——龇牙咧嘴""秋后的石榴——皮开肉绽""八月的石榴——笑咧了嘴""熟透了的石榴——合不拢嘴""淋了雨的熟石榴——咧开了嘴"等，这些歇后语，形象地反映了石榴裂果的自然现象。石榴裂果是一种自然生理性病害，从幼果期到成熟期均可出现裂果，尤其邻近成熟（采摘收前10～15天）时严重，一旦骤然降雨，裂果更甚。有两个原因：一是内部原因。果实发育初期，果皮细胞分生能力强，籽粒与果皮同步生长，体积同步增加；但临近成熟，经过夏季长时间的伏旱、高温、干燥和日光直射，果皮组织受到损坏，分生能力变弱，而籽粒生长始终处于旺盛期，导致内部籽粒发育快，外部果皮发育慢，导致裂果。二是外部原因。主要是环境水分的变化。突然降水或灌溉，根系迅速吸水输导至根、茎、叶、果实各个器官，籽粒的生长速度明显高于处于老化且基本停止生长的外果皮，当外果皮承受不住时，导致果皮开裂。

反映石榴多籽的歇后语

"八月的石榴——满脑袋点子""入秋的石榴——点子多""不炸嘴的石榴——满肚子花花点子""鼓槌打石榴——敲到点子上""石榴剥了皮——点子多""石榴脑袋——点子不少""歪嘴吃石榴——尽出歪点子"等，这些歇后语说的是石榴多籽的特性。单个石榴的籽粒，少则几十粒，多则数百粒，甚至千余粒。古人形容其"千房同膜，千子如一"，视作生殖繁衍的象征，称裂开露出籽粒为榴开百子，寓意多子多福，成为古人最喜欢的吉祥象征，石榴也成为古人最受欢迎的文化植物之一。

反映石榴口感的歇后语

"囫囵啃石榴——先苦后甜""石榴树上挂醋瓶——又酸又涩"等。石榴皮，味涩；石榴籽粒，有甜、酸、酸涩几种，因而形成这样的歇后语。石榴皮富含水解单宁，主要是安石榴甙、石榴皮鞣素、长梗马兜铃素等，其中，安石榴甙占果皮总酚含量的65.75%。石榴皮自古以来就是著名中药，具有涩肠止泻、止血、驱虫之功效，常用于久泻、久痢、便血、脱肛、崩漏、带下、虫积腹痛的治疗。虽然石榴皮味道是涩的，但是功效却很神奇。

反映石榴花开的歇后语

"春天的石榴花——心红""石榴开花——老来红""五月的石榴花——一片红"等。石榴花大，色艳，甚美。花冠由数目不等的花瓣组成；花瓣有单瓣、复瓣、重瓣之分；花瓣颜色有鲜红、乳白、浅紫红等基本色，具体有红色、粉红色、白色、黄色、玛瑙色之分，以红色居绝大多数。五月榴花照眼明，古往今来，火红的榴花是文人骚客最喜欢吟咏的对象。

反映石榴材质的歇后语

"石榴树做棺材——横竖不够料"。石榴是落叶灌木或小乔木，在热带则为常绿树，一般树高2～5m，干性不强，无主干或者主干低矮，上有瘤状突起，且多扭曲，树干基本无料可用，所以有此一说。石榴木材材质中等，木射线多，纹理斜，结构细，木质细腻紧密，韧性强，硬度中等，一般做雕刻、农具柄、擀面杖、玩具、鼓槌、弹弓、锤头柄、槌柄等，非常耐用。

石榴裂果 （王继中摄影）　　　　　　玛瑙石榴花 （李剑摄影）

并蒂石榴

并蒂石榴,以其成双成对、恩爱美满的象征意义,深受人们的喜爱。

在峄城区"冠世榴园"内,一般并蒂两果很常见,几乎在每棵结果的石榴树上都能见到。并蒂三果、四果的石榴,也很常见。相对稀罕的是并蒂四果以上的石榴。

据报载,在枣庄市峄城区"冠世榴园"的一农户家中,一棵石榴树上的一个果蒂竟然结出六个石榴,"六榴并蒂",比较罕见。六个体积相当的石榴紧紧挤在一起,其中四个向不同方向生长,上下各有一个,每个重量均在百克左右,六个榴果布局合理,空间分配均匀,无论从哪个角度观赏都格外协调,在绿叶的映衬下显得格外引人注目,让人忍不住赞叹自然的神奇。

并蒂,有三层意思。一层是直观的,指两朵以上花或两个以上果并排生在同一个蒂上。石榴、莲花、木瓜、兰花等众多高等植物比较常见,古人多有记载或吟咏。唐朝段成式《酉阳杂俎·木篇》载:"石榴,一名丹若。梁大同中东州后堂石榴皆生双子。"《宋书》云:"晋安帝隆安三年,武陵临沅献安石榴,一蒂六实。"杜甫《进艇》诗:"俱飞蛱蝶元相逐,并蒂芙蓉本自双。"并蒂芙蓉,即是并蒂莲花。第二层意思,比喻夫妇恩爱或男女合欢。唐朝皇甫松《竹枝词》:"芙蓉并蒂一心连,花侵槅子眼应穿。"明杨珽《龙膏记·错媾》:"乐事生平占,天从人愿,芙蓉并蒂,菟丝不断。"很多地区的嫁娶婚事,常于新房内放置并蒂石榴,以示永结同心,恩恩爱爱。现代喜庆的婚联中也有很多包含并蒂的对联,比如:"花开并蒂姻缘美,鸟飞比翼恩爱长""红妆带缩同心结,碧树花开并蒂莲"等,隐喻夫妻恩爱幸福美满。第三层意思,则是比喻两者可以相媲美。如:并蒂双生、并蒂双艳、花开并蒂等。

石榴之所以会产生并蒂,主要原因在于它的结果习性。结果母枝多为春季生长的一次枝,生长发育比较充实,次年由其顶芽或腋芽中抽生结果枝。结果枝一般可着生1～5

朵花。结果枝上所着生的花，其中一个顶生，余为腋生，以顶生结果为好。顶生结两个果的，称为"并蒂石榴"；并蒂三个果的，叫"三胞兄弟"；并蒂四个果的，称为"四子并蒂"；五朵花的叫"五朵金花"，如果五朵花都能坐上果时，则被称为"五子登科"了。石榴历来都是美好的象征。其花色彩鲜艳、籽众多饱满，象征多子多福、子孙满堂；石榴花果并丽，火红灿烂，喻为繁荣、昌盛、和睦、团结、吉庆、团圆。所以并蒂石榴更得人民的喜爱。

从科学管理的角度，一般要求疏除掉发育不良的并蒂果，仅保留一个较大的石榴，以集中营养，促进大果、优质果发育，提高优质果率和商品价值。但是在实际生产中，石榴产区的榴农大多不以为然，很少疏除并蒂石榴的，并有"石榴分叉移栽栽不活、并蒂石榴疏果留下来的也不长"的说法，寓意夫妻不能分离。按照他们的话说：不求多卖几个钱，就图吉利、喜庆、好看。

一蒂六实（招雪晴摄影）

花朝节·石榴花神·祈福

花朝节，简称花朝，俗称"花神节""百花生日""花神生日"，是我国民间传统的岁时八节之一，流行于东北、华北、华东、中南等地。农历二月初二举行，也有二月十二、二月十五等其他日期为花朝节的。节日期间，人们结伴到郊外游览赏花，称为"踏青"，姑娘们剪五色彩纸粘在花枝上，称为"赏红"或"护花"，以祈愿风调雨顺、富贵平安、吉祥如意。旧时江南一带以农历二月十二日为百花生日，这一天，家家都会祭花神，闺中女人剪了五色彩笺，取了红绳，把彩笺结在花树上，还要到花神庙去烧香，向花神祝寿。

据考证，花朝节由来已久，最早在春秋的《陶朱公书》中已有记载。至于"花神"，相传是指北魏夫人的女弟子女夷，传说她善于种花养花，被后人尊为"花神"，并把花朝节附会成她的节日。花朝节最迟在唐代即已形成，因为在唐代的诗文及史籍中，关于花朝的记载已很常见，如司空图的"伤怀同客处，病眼却花朝"、卢纶的"虚空闻偈夜，清净雨花朝"，《旧唐书》的《罗威传》中亦有"威每到花朝月夕，与宾佐赋咏甚有情致"这样的文字记载。民间传说，唐太宗在花朝节这天曾亲自于御花园中主持过"挑菜御宴"。而嗜花成癖的武则天在自己执政期间(690-705)，每到花朝节这一天，总要令宫女采集百花，和米一起捣碎，蒸制成花糕赏赐给群臣。在那时，人们把正月十五的元宵节、二月十五的花朝节、八月十五的中秋节这三个"月半"被视为同等重要的岁时节日。

民间传说中，这个节日的来源，竟然与石榴花神阿措有莫大的关系。唐朝段成式《酉阳杂俎》写有四个花神：杨氏绿衣是杨柳花花神，李氏白衣是李花花神，陶氏红衣是桃花花神，绯衣小女名阿措，是石榴花花神，四花神借用崔玄微花园宴请风神封十八姨。花神体娇，怕风，但娇小美丽的阿措例外。席间，风神封十八姨举止轻佻，碰翻了酒杯，弄脏了阿措的绯色衣衫，阿措拂衣而起，对风神说："诸人即奉求，余不奉求。"众人不欢而散。小小年纪的阿措，名字不仅可爱，形象也美的可爱，个性也火辣、刚烈、不畏强权，骄傲不逊。这一故事深得后人喜爱，被广为流传。其他文献记载，也有将绯衣小女叫作石醋醋。无论阿措，还是石醋醋，都是非常可爱有趣的名字，讨人喜欢。

阿措粉面含怒、怒斥轻佻的封十八姨之后，拂袖而去，夜宴不欢而散。次日晚，那位阿措姑娘飘然前来求助于崔玄微——原来她们花神要来人间花苑迎春怒放，可是那位叫封姨的风神出头阻挠。花神们本想借宴请之机向风神求情，不料阿措坏了事。如今众花神都埋怨她，只好求助于崔玄微，她请崔玄微准备一些红色锦帛，画上日月星辰，在二月二十一日五更悬挂在花枝上。崔玄微依言行事。届时果然狂风大作，但是有了彩帛保护，百花安然无恙。当夜，众花神又化成一群丽人向崔玄微致谢，还各用衣袖兜了些花瓣劝他当场和水吞服，崔玄微因此延年益寿至百岁，且年年此日悬彩护花，最终登仙。

"崔玄微悬彩护花"故事后来演变成"花朝节"习俗。是日，人们剪五色彩纸粘在花枝上，称为"悬彩""赏红"，是最重要的"花朝节"活动之一。由于悬彩时间安排在五更，故名"花朝"，至于日期如何衍变为其他日期，可能与各地花信的迟早有关。

沈燧(1891—1932)《花神图》

端午节·石榴·祥瑞

"你拍五、我拍五，石榴花开过端午。"这句朗朗上口、耳熟能详的童谣，让人不由想起这样的情形：初夏五月，火红、奔放的石榴花争相绽放，灿若云霞；三、五儿童手腕缠着五彩丝线、头上插鲜红榴花，欢快地唱着、喊着、闹着，一起追逐嬉戏；空气中到处弥漫着淡淡的粽叶和艾蒿的清香……

石榴花开，开在农历五月。因此，石榴花成为农历五月的代表花卉，古人称五月为"榴月"，称榴花为"五月花""五时花"。"五月榴花红似火"成为流传最广的一句词语。

石榴花红，红在端午。石榴花作为端午时节的时令之花、祥瑞之花，千百年来，成为端午习俗中不可或缺的最重要元素。

门悬石榴花

石榴花是驱邪避灾天中五瑞之一。相传五月初五是恶月恶日，这天世俗要悬"天中五瑞"以辟邪驱瘟，逢凶化吉。这"天中五瑞"指的是：菖蒲、艾草、石榴花、蒜头和龙船花。古人认为疾病是恶魔鬼怪附于人体所致，挂这"天中五瑞"可以与这些导致疾病的恶魔鬼怪相抗衡。从这几种植物的功效来看均可入药，都有一定防病去瘟的作用。不过将这几种植物仅仅挂在门上恐怕更多的是带来心理上的安慰。对于大多数普通人来说凑齐天中五瑞不是件容易事儿，古时，更多的人家采用的是在门上挂菖蒲、艾蒿、蒜头或者是菖蒲、艾蒿、石榴花的方式。现代社会，随着经济发展和生活节奏的加快，更很少有人费神劳力的筹齐这天中五瑞，端午节门悬艾蒿或菖蒲更成为一种象征意义的习俗。实际上，南方多挂菖蒲，北方多挂艾蒿。但是，在江西、安徽、河南、广东的部分地方，端午节这天家家门前悬挂的不是艾蒿、菖蒲，却是石榴花。

门前悬挂石榴花，传说源于"石榴悬门避黄巢"的典故。唐朝僖宗年间，黄巢领兵

乙卯五月朔日畫奉
燕墀夫人 清賞
兩峯道人羅聘

清·罗聘《端午图》

造反。杀人放火，百姓闻之逃难。五月间，黄巢的军队攻进河南，兵临邓州城下，路遇一妇人携子疾走。黄巢见她怀抱一个大点的男孩，牵着的却是幼小的。他很奇怪，遂下马询问。妇人答：黄巢杀了叔叔全家，只剩下这个惟一的命脉，万一无法兼顾的时候，只好牺牲自己的孩子，保全叔叔的骨肉。黄巢听后颇为感动，就告诉妇人只要门上悬挂石榴花，就可以避黄巢之祸。妇人听了，将信将疑，不过她还是回到城里，把这个消息传了出去。第二天正是五月端阳，黄巢的军队攻进城里，只见家家户户门上都挂着石榴花。为了遵守承诺黄巢只得领兵离去，全城得以幸免。此后端午，门上悬挂石榴花的习俗也流传下来。

榴花头饰

石榴花在民间是端午节驱邪吉祥物。史籍记载，早在唐朝就有以榴花辟邪的习俗。唐段成式《酉阳杂俎》里面说："北朝妇人……五月进五时图、五时花，施之帐上。"明朝以后女子多以榴花饰发以辟邪。由于此俗，所以端午节又有"女儿节"之称。明刘侗《帝京景物略》："五月一日至五日，家家妍饰小闺女，簪以榴花，曰女儿节。"清顾禄《清嘉录》："端五瓶供蜀葵、石榴、蒲蓬等物，妇女簪艾叶、榴花，号为端五景。"又说："端午，簪榴花、艾叶以辟邪，并用菖蒲、艾叶、榴花、蒜头、龙船花，制成人形或虎形，称为艾人、艾虎；制成花环、佩饰，美丽芬芳，妇人争相佩戴，用以驱瘴。"清张凤羽《招远县志》载："五月五日……儿女辈以雄黄末涂耳鼻，彩索缠臂，簪艾叶、榴花，佩朱符以避邪及虫毒。"

不仅在民间，在古代皇家贵族阶层，石榴花同样是端午节的驱邪吉祥物。清代来自意大利的宫廷画家郎世宁于1732年画了一幅《午瑞图》。画面上青瓷花瓶中插菖蒲、艾蒿和盛开的石榴花、蜀葵花。宫中档案说此图"端阳节备用"，表明当时宫廷也有端午使用菖蒲、艾蒿、石榴等的习俗。

耳边插着榴花的钟馗

端午节这天，钟馗成为家家户户在门上张贴的神像，祈求鬼王驱鬼除恶、祛病镇邪，保佑全家安康。鬼王钟馗面目狰狞，凶神恶煞，斩妖除魔，却与鲜艳的石榴花有不解之缘。相传钟馗生于端阳之日，此时适逢石榴花开，钟馗嫉恶如仇、暴烈如火的性格，恰如石榴花的热烈奔放和刚烈性情，得到万人敬昂，且钟馗多着石榴花般艳丽火红的袍子，因此，驱邪除魔的钟馗，在古人心里不仅是鬼王，也被赋予了石榴花神的雅号。

钟馗信仰在民间的影响既深且广。由此派生出形形色色的钟馗戏、钟馗图。有的民间钟馗神像，钟馗虬须怒目、狰狞可怕、青筋暴露，但在耳边插着，或者是手里持着一支火红盛开的石榴花，别有一番风趣，颇具喜剧色彩，反差强烈，让人过目难忘。

历代画家都画过不少关于钟馗题材的作品，如唐吴道子画趋殿钟馗图，宋石恪有钟馗小妹图，元王蒙有寒林钟馗，明钱谷有钟老馗移家图，清金农有醉钟馗图。今有林墉的簪花钟馗图，可以说是独具韵致。与往常画家所画的钟馗不同，林墉所画的钟馗，少了一丝冷峻、凶悍之气，头戴榴花，粗重有细，刚中带柔，加之极度率意的大写意笔法，综合而成出一种林墉所特有的钟馗。画面中钟馗仅面部略施勾勒，其余皆以破笔写意，墨气淋漓，笔墨酣畅处有如久旱逢甘霖般畅快。更自题诗："铁肩担尽无道义，鬼魅不减羞人前。剑兮剑兮尔何用？且簪榴花到人间。"

端午诗文中的榴花

石榴深受古人喜爱，不论是王公贵族，还是寻常人家，石榴都是他们庭院中最常见的树木。端午时节，榴花明艳如火，带给他们的是最强烈的视觉刺激；而那清幽的艾香，则是他们最难忘的嗅觉体验。榴花照眼、艾草熏香，应该是他们端午印象中无法抹除的记忆，也是文人骚客最喜欢吟咏的对象，在洋洋大观的端午诗词中，榴花元素数不胜数。

唐朝殷尧藩《端午日》："少年佳节倍多情，老去谁知感慨生；不效艾符趋习俗，但祈蒲酒话升平。鬓丝日日添头白，榴锦年年照眼明；千载贤愚同瞬息，几人湮没几垂名。"宋范成大《如梦令》："两两莺啼何许，寻遍绿阴浓处。天气润罗衣，病起却忺微暑。休雨，休雨，明日榴花端午。"再如他的《鹧鸪天》："仗下仪客笔下文，天风驾鹤住仙真。榴花三日迎端午，蕉叶千春纪诞辰……"宋陆游《乙卯重五》："重五山村好，榴花忽已繁。粽包分两髻，艾束著危冠。旧俗方储药，羸躯亦点丹。日斜吾事毕，一笑向杯盘。"宋朱淑真《端午》："纵有灵符共彩丝，心情不似旧家时。榴花照眼能牵恨，强切菖蒲泛酒卮。"

今人记述端午石榴花红的文章更是数不胜数，印象较深的是常祯的散文《端午不戴艾、变成老鳖盖》，将石榴花红写到极致："石榴是那种不开花也许就注意不到的植物，换句话说，一旦开花就惹眼得要命。那样的红，熨在心底，说不上的好。仿佛念及湿热的端午，眼前就是那样的颜色，再无他物。"

七夕节·石榴·乞巧

　　牛郎织女传说在我国民间流传时间最早、流传地域最广，是我国四大民间传说之一。相传每年的农历七月初七是牛郎织女相会的日子，这天夜晚，抬头可以看见牛郎织女的银河相会，瓜果架下可偷听到她们的脉脉情话。织女是一个美丽聪明、心灵手巧的仙女，凡间的女子便在这充满浪漫气息的晚上，对着天空的朗朗明月，摆上时令瓜果，朝天祭拜，乞求天上的仙女能赋予她们聪慧的心灵和灵巧的双手，乞求爱情婚姻的姻缘巧配。因此，这一天被称为"乞巧节"或"少女节"。

　　各地的乞巧风俗不一，但各地为织女准备的七样贡品中，石榴元素必不可少。此时，南方各地的石榴及北方的早熟品种已成熟或接近成熟，上海、浙江、福建等地就有"七月七、龙眼黑石榴裂""处暑石榴口正开"等民谚流传。而石榴多子多福、辟邪纳福的吉祥寓意以及石榴强大的保健功效，使石榴在七巧民俗中占有重要的地位，有些还流传至今。

　　河南新乡乞巧风俗是在每年的农历七月初六晚上，当地未出嫁的姑娘七人凑成一组，每人兑面兑物，为织女准备供品。准备石榴、西瓜、枣、桃、葡萄等七样瓜果，烙七张烙馍，包七碗小饺子，做七碗面条汤。除此之外，还要单独包七个大饺子，饺子馅由七样蔬菜做成，内包用面做成的七样东西，像针、织布梭、弹花槌、纺花锭、剪刀、蒜瓣或算盘子等。这七样东西，要能代表七位姑娘的心愿。这天晚上，七位姑娘把供品摆在瓜棚下或清静的地方，焚香点纸，跪在月下向织女祈祷，念完祷语后，七个姑娘分吃水果和七碗小饺子。然后把七张油饼和七个大饺子放在竹篮内，挂在椿树上。这天晚上，七个姑娘一齐守夜，看守竹篮子。这种举动称为"守巧"，目的是防止爱开玩笑的男孩子偷嘴吃，把"巧"偷去。等次日清晨，七个姑娘闭着眼睛，在竹篮内各摸一个大饺子。谁摸出的饺子内包有针、剪刀等东西，谁就是未来的巧手。

浙江省杭州市萧山区原坎山镇有这样一个"祭星乞巧"的仪式：摆供桌，放水菱、莲藕、石榴、方柿四样果品，再放一碗清水。中午时分，女孩家将新的竹扫帚丝放在水上，然后观看水底影子，如果里面的影子看起来像剪刀、像针线，这就说明你已求到"巧"了。到了晚上，姑娘们在瓜藤下穿针引线，听着牛郎织女相会的窃窃私语，共同祈求美好的生活。因此，坎山被浙江省确立为首批14个传统节日保护示范地之一。

福建省漳州市东山县东山岛的"拜老婆"习俗，别具一格，家家户户将石榴、鱿鱼、米饭和插香的小香炉（当地叫"老婆筒"）摆在卧室的床中央，加以跪拜。石榴、鱿鱼寓意多子多孙、家有男丁，米饭寓意丰衣足食。

七夕"出花园"是广东潮汕地区特有的一种成人礼习俗，年满15岁的孩子要举行"出花园"仪式。潮汕人认为，小于十五岁的孩子是生活在"花园"里的，由一对称为"公婆母"的神灵庇护，所以生活在"花园"里的小孩子每年七月七要祭拜"公婆母"，以祈求健康成长；而出了"花园"的孩子已经不再在"公婆母"的掌控之中了，以后的七月七将不再祭拜"公婆母"了。这天早晨，先用石榴花水为孩子洗澡，让石榴的芬芳洗净其身上的孩子气。然后由父母领着拜"公婆母"，男孩供奉的是公鸡，象征朝气蓬勃，兴旺发达；女孩供奉的是母鸡，象征将来能生儿育女。祭品里还必须有石榴果。这时石榴还未充分成熟，孩子的父母就挑选两个成熟最好的。用成熟的石榴果拜公婆，意思是告诉"公婆母"孩子已经长大成人，将要结婚生育后代。然后吃早餐，"咬"鸡头。

福建沙县的七夕节，传承到了现代，已经成为儿童上学的一种仪式。每年七夕，新入学儿童都要过这一节日。家长们备好纸质旗杆斗、糖塔、水果、爆米花等。旗杆斗象征三元及第；糖塔以示学业晋升，仕途高远；四盘石榴、枣子、葡萄、柿子，以示春夏秋冬都会结果；爆米花是取会发和会大个起来之意。七夕的清晨，摆好祭品、糖塔以及书包等学习用具，让新生点燃蜡烛、烧香、拜天地、拜祖宗，然后鸣炮，新生读书写字。仪式结束，把糖塔敲碎，杂在爆米花和糖果里，分成小包，送给左邻右舍和亲戚朋友分享。

闽南、台湾民间七夕虽不很重乞巧，但很看重保健食俗。每到七夕之际，几乎家家户户要买来中药使君子和石榴。七夕这天晚餐，就用买来的使君子煮鸡蛋、瘦猪肉、猪小肠、螃蟹等，晚饭后，分食石榴。因何有此独特节俗？相传出自海峡两岸尊奉的北宋名医吴云东。景佑元年（1034）夏，闽南一带瘟疫流行，好心的名医吴云东带着徒弟，四处采药救治百姓。他见许多大人小孩患有虫病，就倡导人们在七夕这天购食使君子、石榴。因七夕这天好记，期间又是石榴成熟季节。所以，民众都遵嘱去做，起到了意想不到的保健作用，后来便相沿成俗，并随着闽南移民过台湾而沿袭至今。

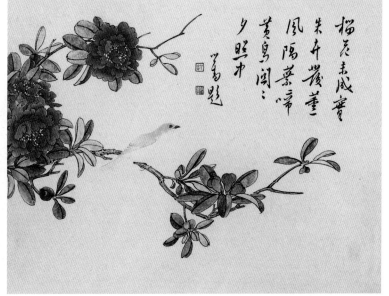

云溶溶兮风飔飔
阿其声兮运锺馗
庚辰霜降日录乙龛主徐操□

榴花未成实
朱卉发华董
风隔叶啼妇
黄鸟闻之
夕照市
□□题

徐操（1899—1961）《钟馗》　　　|←|
明·仇英《乞巧图》（局部）　　　|↑|
溥儒(1896—1963)《黄鸟榴花》　　|↓|

中秋节·石榴·团圆

八月初一，太平初一；

月到中秋，全家拜月。

宝塔灯，照照天地；

花下藕，藕丝连连；

红石榴，榴开见子；

团圆饼，夫妻同偕到老，和家和睦团圆。

这首中秋《全家拜月》的歌谣广泛流传、朗朗上口，形象地反映了拜月习俗，拜月所用的宝塔灯、团圆饼、石榴、藕等物品，以及人们朴素的吉祥祈愿。尤其是石榴，从南到北各地中秋拜月习俗中必不可少的贡品，除了寓意榴开百子、多子多福，同时具有阖家团圆、家庭和睦、美满幸福的吉祥寓意。

石榴花火红艳丽，石榴果饱满圆润，石榴籽晶莹剔透，春华而秋实，吻合古人大红喜庆、祈求丰产丰收、阖家平安的心理愿望，从而被赋以红红火火、兴旺发达、繁荣昌盛、和睦和谐、幸福圆满的吉祥象征，来传达着人们追求幸福美好生活的愿望。

北京上供的各种鲜果，如苹果、石榴、晚桃、青柿、葡萄等，而且必要有切成莲花瓣形的西瓜和九节藕；讲究的人家，要将柿子和苹果成对供上，取谐音"事事平安"；桃与石榴相对，取"桃献千年寿，榴开百子图"之意；枣和鲜栗子可撒于苹果、柿子之间，寓意"早早平安""利市"。在布置供桌时，北京人家则讲究布置"供点儿"，就是将家中养的石榴树、夹竹桃、西番莲、霸王鞭、仙人掌等树木和花卉一并搬出，分置供桌两侧，形成一个小圈，以此点缀环境，为节日增添喜庆气氛。上海人家要供四色鲜果，多为菱、藕、石榴、柿子等，寓意"前留后嗣"，还有煮熟的毛豆荚、芋艿，称为"毛一千，余一万"，以讨吉利。吴中地区中秋祭月于庭院中设香案，供月饼，配以红菱、白藕、柿子、石榴、白果等时令瓜果祭月，称为"斋月宫"。在江苏连云港，讲究的人家必备八大件：取意团圆的西瓜，取其多子的石榴，寓意事事如意的柿子，寓意长寿的花生，寓意早立子的枣和栗子，以及谓之"螃蟹爬月"的螃蟹，还有一块特大的"团圆饼"。供品中不能有梨，因谐音"离"而不吉利。在济南，拜"兔子王"是中秋节的传统项目。八月十五的晚上，每家每户都会摆上"兔子王"供着，葡萄、石榴等水果是必备供品，一盘毛豆则是专供"兔子王"的。供奉完后，"兔子王"便成了孩子们最好的玩具。

中秋祭月赏月习俗起源于古代帝王春天祭日、秋天祭月的社制。受其影响，民间也有中秋祭月之风，到了后来赏月重于祭月。宋代、明代、清代宫廷和民间的拜月赏月活动更具规模。我国各地至今遗存着许多"拜月坛""拜月亭""望月楼"的古迹。北京的"月坛"就是明嘉靖年间为皇家祭月修造的。每当中秋月亮升起，于露天设案，将月饼、石榴、枣子等瓜果供于桌案上，拜月后，全家人围桌而坐，边吃边谈，共赏明月。如今，祭月拜月活动已被规模盛大、多彩多姿的群众赏月游乐活动所替代。

中秋节又被称为"团圆节"的记载最早见于明代。《帝京景物略》中说："八月十五祭月，其祭果饼必圆，分瓜必牙错瓣刻之，如莲花。……是日必返夫家，曰团圆节"。《燕京岁时记》载："至十五月圆时，陈瓜果于庭以供月……真所谓佳节也。"中秋晚上，我国大部分地区还有烙"团圆"的习俗，即烙一种象征团圆、类似月饼的小饼子，饼内包糖、芝麻、桂花和蔬菜等，外压月亮、桂树、兔子等图案。祭月之后，由家中长者将饼按人数分切成块，每人一块，如有人不在家即为其留下一份，表示合家团圆。

石榴果实圆润，果实内"千房同膜、千子如一"，象征多子多福、团圆、团结、和睦，民间视为三大吉祥果之一，使石榴成为中秋习俗中最为重要的吉祥供果和时令果品。佛教文化认为："石榴一花多果，一房千实（子），故为吉祥果。一切供物果子之中，石榴为上"。因此，有学者认为，中秋用石榴拜月习俗，可能也有佛教文化在我国广为传播的原因。

东南亚等地，海外华人更是把石榴作为吉祥物。每逢中秋佳节，游子对着圆月，尝着美味香甜的月饼，用水晶玻璃果盘盛满晶莹剔透的石榴果籽，慢慢品尝，深深思念着远在他乡的亲人、朋友。那份思念，那份真情，婉约、深远、宁静，如石榴籽般晶莹剔透。

秋收之际的中秋节，也是加强亲族联系、增进感情的好时机，是一年当中仅次于年节的馈赠大节。中秋节日馈赠，称为"贺节""送节""追节"，也称"送节礼"。往往在节前数日甚至月初就开始赶办节礼，相互馈送，路上行人往来如梭。直到今天，中秋节前送节礼的习俗依然盛行，几乎等同于年前送礼贺节。作为团圆象征的月饼和石榴等时鲜的瓜果都是馈赠佳品。古代文人间流行互赠石榴，"送榴传谊"，石榴的"榴"原作"留"，故被赋予"留恋"之意，这和"折柳赠别"有异曲同工之妙。在中秋节，母家给女儿家送礼也较为普遍。在河南新安，母家携枣糕（用面叠作数层，下大上小，内夹枣）、月饼、梨、柿、石榴等看视女儿，称为"送糕"。

史上曾有"方以智中秋妙联咏石榴"的佳话。方以智，安徽桐城今安庆枞阳人，明代著名哲学家、科学家。方以智幼受姑母方维仪教养，能诗会文，被誉为神童。九岁那年的中秋之夜，全家人围坐在院子里赏月。桌上放了月饼、石榴、菱角等节令食品。方以智调皮嘴馋，未等开席就伸手去取。方维仪想趁机考考侄儿，便对方以智说："我出一对，你能对上就先吃。"方维仪从桌上拿了一个菱角剥开，露出雪白的菱角米，出了上联："菱角双尖，铁裹一团白玉。"方以智稍加思索，即从桌上抓来一个开裂的大石榴，将它掰开，露出晶莹光亮的石榴米，对曰："石榴独蒂，锦包万粒明珠。"在场的人都拍手称赞，方维仪更是高兴，连忙剥开菱角、石榴让他吃个够。

吴昌硕（1844—1927）《石榴图》

中国传统婚俗中的石榴

中国传统婚俗中忌讳出现鲜花，但是石榴花和连招花例外。因为，连招花红色花瓣开自叶心，意喻女儿出嫁，石榴花则意喻多子多福。

石榴出现在中国传统婚俗中，已有1400多年历史。据史书记载：北齐安德王高延宗娶李祖收之女为妃，文宣帝高洋来到李妃的娘家做客，李妃母亲呈献两个石榴。文宣帝不解其意，这时皇子的老师魏收说："石榴房中多子，王新婚，妃母欲子孙众多。"皇帝听了非常高兴。自此始，中国各地出现了用石榴预祝新人多子多福的风俗。

石榴花、果火红艳丽，吻合中国传统大红喜庆的节日氛围；石榴籽粒多且丰满，契合传统中国家庭多子多福、后继有人的心理期望，致使石榴这一外来物种成为中国古代最受欢迎的吉祥物之一，并在传统中国婚俗中扮演了极为重要的角色，形成了极具地域特色的婚俗习惯，衍生出各种各样的表现形式和表现手法：有的以石榴花、果等实物形式出现，有的以石榴样式的喜庆食物出现，有的以石榴装饰物形式出现，有的则以民谣谚语形式出现……

红轿、红床、红柜、红箱……朱漆泥金，光艳绚丽，绵延数里的迎亲队伍，极尽喜庆与奢华。这就是旧时浙东地区大户人家嫁女的壮观场面，极富江南特色的十里红妆。这种起自南宋、明清达到全盛的婚嫁习俗，如今淡出了历史舞台。但那些巧夺天工、富于文化内涵的红妆器物，在经历了历史的一次次历练之后，依然绽放着耀眼的光芒和无限的生命力。在这些红妆器物中，石榴的装饰随处可见。位于浙江宁海的"十里红妆"博物馆，馆藏红妆藏品1650件，其中一件朱红色深沉老到的清初面盆架，就蕴藏着无限的韵味与内涵。端庄古朴的造型颇有明式家具之遗风，通体都雕饰牡丹和凤凰。凤凰是百鸟之王，牡丹是百花之王，这些都代表女性且寓意大富大贵。然而这个面盆架的独特之处就在于，在迎面处两框之间和下面两腿之间皆有壶门，壶门中又雕饰有成熟的石榴果。这种装饰绝非工匠的随意装饰，将丰硕的石榴果置于两腿之间的装饰，其寓意自然明了。

"囡儿出嫁要分糖金杏"，这是极具温州特色的婚嫁习俗，人称最甜蜜的温州婚俗，并被温州非物质文化遗产名录收录。石榴，温州方言叫"金杏"。糖金杏，是将白糖染成红色，煎成浓汁，然后用模具压出石榴形状，冷却后即成。在结婚聘礼日新月异的温州，男方要把糖金杏送到女方家，这一传统习俗仍然根深蒂固延续下来。寓意新婚夫妇早生、多生子女、甜蜜幸福、兴旺发达、吉祥如意。这一习俗的流行，还衍生出了诸如"牙儿塌开糖金杏倒裂喔一式（一样）""囡儿养大兑（换）糖金杏吃""笑起糖金杏打裂一色（一样）""当心糖金杏角捣（碰）着"等形象生动的温州俚语。

与温州糖金杏婚俗有异曲同工之妙的，是山西南部地区婚俗中的面石榴。说媒定亲、换帖纳彩，女家收了男方的礼品，要回奉礼品，其中包括：文房四宝、面娃娃、糕塔、十个面石榴、十包麸盐。文房四宝则象征着未来的女婿官运亨通、学识渊博；面娃娃、糕塔、面石榴都象征着多子多福。面石榴要让女婿先吃一个，其余九个切成片送给邻里，表示婚事已定。十包麸盐要撒在公婆、妯娌的头上，象征有缘（盐）分，有福（麸）分。结婚前一天夜晚，女方家里要差遣两人到男方家里踩花堂。这两个人，一个抱着瓷娃娃，

剪纸《好日子》　　　　　　　　　　　　　剪纸《石榴》

另一个提着红布木箱，箱内放有一件成衣、一条系裤带、一件裙子、一双绣花鞋、一套头饰和麸盐红包及面石榴若干，最上面放着新娘的照面镜。迎新娘花轿，内放一盘，上面也要盛着五个面石榴，中插红筷子，筷子上系着一朵石榴花。

"红花（石榴花）是皇帝，红花辟邪气""无榴不成乡"是潮汕地区妇孺皆知的俗语。潮汕民俗中，认为石榴是花王，能给人们带来吉祥和幸福。凡红事都离不开红花，其他礼物可少，红花却不能没有。即使错过石榴花期，也要用花枝代替。临嫁前，新娘要用十二种花草泡水沐浴，但其中石榴花必不可少。新娘要在发髻上插朵石榴花。上轿前，媒人要用瑞草蘸清水撒在新娘的头上身上，瑞草就是石榴枝和谷穗。石榴谐音"惜留"，表示人见人爱；谷穗表示丰收富裕。新娘上轿时，要用红花水泼花轿。婚嫁男女来往的礼物上面，总要附上红花仙草，以辟邪趋吉。婚娶之日，新郎家门顶上要插入一对榴枝，新房内放置并蒂石榴，以示永结同心。新婚眠床和眠被的图案，也以石榴为主题。

与潮汕地区毗邻的福建闽南地区，新娘在迎娶日要以香花、石榴枝叶熬汤沐浴，换上婚衣、梳头、簪髻、戴花，有的地方头上要插茉草以祛邪，插石榴花以示多结贵子。男方迎亲队伍到后，经过再三催请，新娘随身带上一面制煞的小镜和一个装着象征"连生贵子、百子千孙"的莲子、花生、桂花、石榴、茉莉花心等吉祥物的袋子，走出厅堂向神明、祖宗神位及双亲行跪拜礼辞行。迎娶的第三天，新娘的弟弟要坐轿到姐夫家探望，俗称"舅子探房"，舅子带糖、饼、香粉、抹头发的茶籽油和一篮鲜花或纸制石榴花，径直走进新房，将礼物放在床上，并邀请姐姐回娘家作客。女儿做客返回婆家时，娘家要赠送布料、上插石榴花枝的甜糯米饭、一对连根带叶箍上红纸的甘蔗、一对或一窝脚上绑红布的雏鸡。

在江苏苏州，要为新婚夫妇准备大红金漆脚盆、马桶、水桶一套，俗称子孙桶。在马桶中放五个红鸡蛋，寓意五子登科；红石榴两个，寓意多子多福；红枣六个，寓意早生贵子；花生六个，寓意有儿有女；桂圆六个，寓意后代耳聪目明。这一婚俗，至今依然盛行。

安徽砀山女儿出嫁"吃梨上轿、交石榴"的习俗，比较新颖有趣。新娘上花轿前必须吃梨，母亲同时念道："吃了梨，离开了娘，两口日子蜜样甜。"尔后，母亲把两只石榴塞到女儿的荷包中，又念道："离了娘，去婆家，实心实意留婿家。"到了婿家，新娘要悄悄把石榴交给夫婿，实际上是交心。究其源，皆是用谐音表达良好祝愿。吃掉了"梨"，就等于吃掉"离异"；交石榴，就是"实心实意跟你过"，是永远在一起，白头偕老的意思。

不一而足，古时各地还形成了许多其他不尽相同的石榴婚俗。如：订婚聘礼赠给石榴或石榴花盆；新娘在自己的衣服内藏石榴；结婚礼品要有一对绣有大石榴的枕头；新房内置放切开果皮、露出籽粒的石榴；新娘给新郎绣石榴荷包；新娘亲手给新郎缝制绣

有石榴莲花的鞋垫；窗户上贴上石榴为主题的剪纸；新婚夫妇常常把两株石榴树种在一起，称为"夫妻树""合欢树"，以取"玉种兰田、永结连理"之意……，这些婚俗，早就超越了地域、空间、时间的界限，传遍了大江南北，逾越千年而不衰，很多习俗至今还在流行。虽然其表现形式、表现方法不尽相同，但无一不是通过石榴这一载体，表达了中国家庭对"多子多福、幸福美满"的祈求和祝愿。

囡儿出嫁要分糖金杏
——最甜蜜的温州"糖金杏"婚俗

温州谚语云："囡儿出嫁要分糖金杏"。这是浙江温州一项有特色的婚俗。

石榴，温州方言叫"金杏"。糖金杏，是先将白糖染成红色，煎成浓汁，然后用模具压出石榴形状，冷却后即成。据说，它最初是纯白色的，因为当时没有食物染色剂。而民间做喜事，通常把红色作为吉祥、兴旺、喜庆的象征，如婚娶时，除环境装饰上满堂皆红外，新娘要穿红衣红裤，腰系红带，头顶红绫，足穿红鞋。新郎要披红等。随着人们对红色的喜爱和民族的审美观念，后来糖金杏也变为红色了。

糖金杏有大、小两种，大的一个有三四斤重，小的一个仅几两重。惯例是在送日时，男家要用方盛送到女家，一般大的送一个，要插上彩色绒球，用玻璃匣子装好，摆在新房中，小的则视女家亲友多少而定，有多少家亲友，就送多少个，表示祝贺新婚夫妇早生、多生子女，像石榴般的多子。

在温州，糖金杏已有一百多年历史。叶大兵先生著《温州民俗大全》记载，十八世纪末，糕饼艺人赵庆庚从乐清搬到温州，开始制作糖金杏，一度流行于民间，抗日期间温州三次沦陷，糖金杏一度濒于绝境，直到抗战胜利，才恢复生产，当时由赵子琴松继承父业，才得以保存这项传统工艺，现经其孙兴隆改革，在包装，原料和牢度上都有很大提高。如今，不但保留了"囡儿出嫁要分糖金杏"这种极具温州特色的婚嫁习俗，还衍生出了诸如"牙儿塌开糖金杏倒裂喔一式（一样）""牙儿塌开糖金杏捣裂黄恁""笑起糖金杏打裂一色（一样）""当心糖金杏角捣（碰）着""囡儿养大兑（换）'糖金杏'吃"等形象生动的温州俚语。2014年，"温州糖金杏制作技艺"被评定为温州市第三批非物质文化遗产。

石榴的果实里面含有许多颗籽粒，口味甜中带酸，浙南民间历来将其作为吉祥之果。除了以瓯绣、米塑、剪纸对其颂扬之外，女孩子婚嫁时以此作为礼物送往男家，谐"多子多孙"之意。后来为什么改用糖石榴（糖金杏）作为礼物呢？这里面有这样一个美丽的民间故事：从前有位书画爱好者，名郑德有，出身富裕之家，年过半百，生有二女，长女订婚那天正是金杏成熟之时，其妻平时为自己未为郑家生个男儿传宗接代而烦恼，这次想把大女儿的婚事办得既隆重又不失体面。一日闻小贩沿街叫卖金杏，忽灵机一动，嘱郑德有在大女儿订婚前一日将金杏全数购下，次日一部分送往男方，一部分送给左右邻舍，以讨口彩"多子多孙"。不料此事弄巧成拙，第二年正月初八，次女订婚之日，因天气寒冷，市场上何来金杏？二亲翁却故意作难，放出口风："二女儿应该与大女儿一样么，不知郑家预备了多少只金杏？"郑闻言暗中着急无计可施，一日对门一老者八十寿诞，用米粉做寿桃，从中得到启示：何不将金杏改成糖制的？既好看又好吃，他找到一户"糕间老司"，不惜代价请其制作糖金杏，自己亲自在选来的桃木上画好金杏图样，写上"子孙满堂"四字，又重金聘请雕刻老司刻制模具，用白糖与饴糖做原料，赶制了数百只糖金杏。因糖金杏里面是实心的，耗糖甚大，但外形逼真，所费财力、物力、精力远胜真金杏。二亲翁得知此事后，深为感动，赞郑德有"争气不争财"。后来温州民间凡女孩子订婚都仿效郑家，形成"糖金杏"送人的习俗。

如今，在现代婚礼上，温州人在结婚分糖果时都带上糖金杏，以象征甜蜜、兴旺、吉祥如意，属于祝贺性的象征民俗，反映了人们美好的心愿和人际关系上的和谐，成为中国最甜蜜的结婚习俗。结婚的新人，无论身处何种状况，是贫穷还是富有，都期望自己的婚后生活如"糖金杏"般的甜甜蜜蜜。

糖金杏　（瑞安市非物质文化遗产保护中心供图）

　──────── 中国石榴文化 ────────

红花是皇帝、红花辟邪气
——独特的潮汕石榴民俗

石榴树是潮汕人最广泛、最普遍的吉祥民俗植物。

石榴树的枝叶，不论是否有花，都被潮汕人称为红花。"红花是皇帝""红花辟邪气""无榴不成乡"，这些潮汕俗语，反映了石榴花在潮汕民俗中无以复加、叹为观止的地位和作用。潮汕民俗认为红花能驱邪并带来好运气。无论大小事，只要跟民俗有关的活动，喜庆嫁娶、时年节令、游神赛会、消灾送葬，甚至神汉巫婆，一定少不了红花，无不视其为祥瑞之物而充分利用。

潮俗订婚、送聘所带礼物不论轻厚，都必须有一对红花，如果没有，对方会认为是不吉利或无彩头，有时因漏带小小的红花而使美好的婚事告吹。婚嫁之日，新娘出嫁前要洗红花水，洗毕还要在发髻上插上一朵红花，随行嫁妆也要放进一对红花。旧时新娘出嫁上轿时，搀扶新娘上轿的"好命人"边用红花水泼向花轿，边念着"花水泼上轿，阿奴变做夫人样"的顺口溜，以驱除邪气，迎福纳吉。如今，迎娶仍有泼红花水上车之俗。在揭阳榕城等地，新娘结婚当天穿的围腰布中也要放石榴花。新郎家一方在迎娶当日也要在门顶及婚床上插上一对红花，新房的布置也要用石榴的图案做装饰，以示吉祥如意，多子多福。婚后三日，新娘回娘家时，还必须做"石榴"（即是用糯米粉捏成石榴状蒸熟的）。除婚礼外，潮人办寿庆（俗称"做生日"），寿礼上面也要放置红花，以示添寿添福。家中有孩子十五岁"出花园"时，也要用两个成熟最好的石榴做祭品拜"公婆"。

潮人把红花作为避邪祛凶之物，广泛应用于生活习俗之中。年末或正月里，大型的村社拜神活动中，人们一般都会在供品上插上一枝石榴花；游神活动中，整个游神队伍由村中长者带领，并"洒花水"，俗称"开安路"，以驱除邪气，保合境平安。端午节赛龙舟前，要用石榴花、仙草水喷洒龙舟，以达到"驱邪保平安"的目的。小孩子佩戴的银项链有个筒状小坠，里面常装有仙草或石榴花，以保平安。在汕头龙湖区、澄海区、金平区，人们在冬至过后的第三天，要用石榴花进行大扫除（家里有人去世未满三年除外）。家中有老人去世，亲朋好友送殡回来后，必须要用事先准备好的石榴花或仙草水清洗，以示将晦气洗掉。办完丧事后，子孙"脱孝"时要把石榴花夹在耳朵上，表示行好运。而在饶平东山镇、黄岗镇一带，送殡回来的人，头上要插上石榴花，代表着"换红"的意思，也能祛除邪气。日常生活中如果家中有不吉利的事情发生，人们便会取来一碗清纯的井心水（取水的桶不能碰井壁），摘一小石榴枝浸在水里，便成了"红花水"，之后用一大石榴枝蘸红花水喷洒房屋四角，便认为可祛除屋内邪气。有时如果小孩过度淘气或夜间受惊不停啼哭，人们认为这是邪气缠身，也用红花水喷洒小孩的头部及四肢，以驱走邪气。还有牲畜产子、农忙育种、糖寮榨蔗以及有妇女主持或参加的种种生活生产活动，人们也喜用红花，以纳吉祛邪。

石榴与潮人的生活生产习俗结下不解之缘，成为潮人崇奉、喜爱的民俗植物。潮汕人喜欢在房子周围或村前村后遍植石榴树，已成为重要的传统习俗。如今潮汕地区，无论是城镇园林阳台，或是乡村绿野江畔、房前屋后，随处都可见到石榴的美丽倩影。

中国古典文学中的"石榴"意向

石榴文学的兴起

石榴引入中国初期，种植在皇家园林上林苑，普通百姓无缘一见真面目。因此直到东汉末年，历史上才出现了第一首将石榴作为意向的《翠鸟诗》，其中有两句写到："庭陬有若榴，绿叶含丹荣。"

晋代建安诗人曹植的《弃妇诗》，则以石榴绿叶红花的绚丽灿烂来比喻女子的美貌："石榴植前庭，绿叶摇缥青。丹华灼烈烈，璀彩有光荣……有子月经天，无子若流星……"年少时的妇人犹如榴花般丹华荣光，引来众鸟的青睐，可是当丹华落尽，却无籽实时，妇人遭受了被遣归的命运。这是文学史上第一次将榴花喻为成熟美丽的女子，将榴实比作生子的象征。

南梁王筠《摘安石榴赠刘孝威诗》一诗，是文人以石榴作为传情达意物象的发端。而北朝赵彦深等，用石榴诗假以托意，也是文人将石榴作为自身理想寄托的滥觞。

魏晋南北朝时期，由于栽培技术的提升，并且有了专门记载农事之书《齐民要术》的出现，使石榴的种植得以进一步推广。这时，专门吟咏石榴的篇章开始兴起。据《古今图书集成》《广群芳谱》等文献统计，这时吟咏石榴的诗散句有13句，赋散句有2句，赋13篇，颂1篇，诗5首。虽然数量还不多，但对于石榴这样一种外来物种来说，有这么多文人将它作为一种题材来吟咏，已实为不易。

石榴当初是以观赏性植物被人们所重视的。南朝梁时文学家陶弘景曾说过"石榴花赤可爱，故人多植之"，所以这一时期的文人在文章中多赞美石榴的花实枝叶等外在形象，而少有人去赋予它更深刻的情韵内涵。由于石榴的特殊身份，当时的文人们几乎都把石榴当做美术珍树去歌颂。如潘岳的《闲居赋》中言："石榴蒲桃之珍，磊落蔓乎其侧。"潘尼的《安石榴赋》:"天下之奇树,九州之名果。"以石榴为题材的赋作更是极尽夸耀之能事,而它此时可以说是处在最辉煌的年代,一个被视为珍品的时代。

魏晋南北朝时期,石榴是进贡的上品,晋武帝时武陵人献安石榴被载于史书,可见当时的石榴还是比较罕见的。王公贵族争相以栽种石榴作为高贵身份的象征。石崇园中有以石崇名字命名的石崇榴,石虎苑中有大而甜的石榴,潘岳庭前栽种着安石榴,其他还有很多品种的石榴树被作为奇异之物记载于各种文献之中。

随着观赏价值的提高,石榴的其他价值逐渐得到了开发利用。石榴花可以作胭脂,作羹,作中药,还可以酿酒。石榴籽晶莹剔透,这种天然风韵加上文人墨客的吹捧,很快便产生了一些有关石榴的动人传说。吴主潘夫人还榴台的命名,张畅拒绝进献石榴给魏主的风骨气节,梁武帝之女手植浮槎山上道林寺安石榴的浪漫传说,都为石榴蒙上了一层神秘的色彩。魏晋南北朝时佛道盛行,无论佛家还是道教经籍,均有关于石榴故事的记载。石榴作为多子的象征,从曹植的《弃妇诗》,梁朝东州后堂石榴生双子的记载,到安德王妃之母进献安石榴以祝子孙众多的故事,开启了它作为祥瑞之物的历程。

总之,这一时期,是人们将石榴作为审美对象、身份象征、多子象征、寄意象征的开端。从此以后,有关吟咏石榴的文学作品随着石榴种植的广泛而逐渐增多,也开始了石榴平民化的道路。

石榴文学的发展

随着石榴栽种技术的不断推广,到了隋唐五代,石榴树已不再是只有王公贵族才能拥有的珍贵花木。这一时期,石榴已在大江南北处处栽培,唐人封演《封氏闻见记》载:"汉代张骞自西域得石榴、苜蓿之种,今海内遍有之。"切实反映了这一情况。郭橐驼的《种树书》将石榴的种植培育过程描写得相当详尽,更进一步提高了人们在栽种石榴时的成活率。在相关的文献记载中,提及岭中安石榴"花实相间,四时不绝",并且"涂林花有五色,黄碧青白红。"从而可知,石榴在隋唐时期已由园艺之人培育出各色品种。唐人段成式的《酉阳杂俎》记载"衡山祝融峰"下法华寺中的石榴树春秋都开花,"南诏石榴味绝于洛中"就是最有力的佐证。就连宠及一时的杨贵妃都亲手在朝元阁七圣阁种植石榴,可见石榴很受唐人的喜爱。

这个时期石榴的使用价值被进一步发掘。孙思邈的《千金要方》和王焘《外台秘要》中均详尽介绍了许多有关石榴的药用价值。石榴花还可以作为胭脂,唐人段公路《北户录》载:"又郑公虔云:石榴花,堪作胭脂。"石榴树还是名贵木材,《御定骈字类编》记载:"隋时朱宽征南,得此木数十片,作枕及案面,沈檀所不及。"

唐人喜好佛道,自然免不了为石榴披上一层神话的外衣。段成式《酉阳杂俎》里记载了石阿措与处士崔玄微、封十八姨的故事。与之相类似的还有冯贽的《云仙杂记》中郭文为山中石榴杨梅等花树洗疮止疼的故事，这反映了唐人认为众木与人同样具有灵性的道家思想。《方舆胜览》中还记载了榴花洞的故事，有个叫做蓝超的樵夫，追寻一头鹿而误入闽县东山榴花洞，此中遭遇与陶渊明的《桃花源记》中武陵人遭际相似。

由于石榴的广泛种植，人们不再像之前那么认为它是特别珍贵的上品，文人对于石榴的描写也不再只停留于石榴的自然形态之美，而是将石榴赋予人的情感意蕴，寄与人的情思慨叹。如刘禹锡的《百花行》中"唯有安石榴，当轩慰寂寞。"言百花落尽，令人唏嘘慨叹，只有石榴花仍然独自开放，孤寂的诗人看到独绽的石榴，不仅惺惺相惜，让石榴花来慰藉自己的情思；李商隐的"我为伤春心自醉，不劳君劝石榴花。"将自己伤春惜春之情寄予诗中。韦应物"海榴凌霜翻"写出了石榴凌风傲霜之姿；元稹的《感石榴二十韵》将石榴的种种遭际与诗人的身世之感相连，令人动容。

总而言之，隋唐五代以石榴为题材的文学作品相比于魏晋南北朝时为数已相当可观。据《古今图书集成》《广群芳谱》等文献记载可知，隋代咏石榴诗1首，诗散句1句；唐代咏石榴诗28首，赋1篇，诗散句21句。而这时的文人已不仅仅停留于对石榴表面的歌颂，而是更深层次的去赋予它深厚的思想情韵与文化内涵。

宋代是中国历史上文人士子得到优遇的时代，文人们官闲事轻，故有闲暇时间去吟风弄月。虽然此时吟咏石榴的文学作品大量出现，但是石榴在人们心目中的地位却越发降低。据不完全统计，以石榴为题材文学作品中宋诗有75首，词12首，赋1篇，诗散句23句；金诗2首。这是文学史上第一次迎来对于石榴这种花木的大加吟咏，石榴作为文人抒发情感的对象，其受关注的程度进一步加深。

唐朝时石榴已遍植海内，到宋代时已是村村寨寨均种石榴。唐代诗人元稹在他的《感石榴二十韵》中言："初到摽珍术，多来比乱麻。深抛故园里，少种贵人家。"石榴在唐代已不再被人视为珍木，到宋时更被认为只有"五品五命"，地位在百花中只算中等。更有甚者，认为"安石榴为村客"，与两汉魏晋南北朝时相比，石榴的遭遇实在令人慨叹。欧阳修在他的《和圣愈李侯家鸭脚子》云："博望昔所徙，蒲萄安石榴。想其初来时，厥价与此侔。今也遍中国，篱根与墙头。物性久虽在，人情逐时流。"显现了欧阳修对于蒲萄、安石榴地位下降的无奈与感慨。石榴的生命力甚为茂盛，自从在中国扎根后，它的根苗无处不在。戴石屏在《村居》中言："山僻谁家绿树中，短墙半露石榴红。"可知石榴即使在很偏远的小山村中都能看到，与当初在上林苑被视为珍木异树有着天壤之别。某种事物一旦容易获得，便不再被人珍惜，石榴也一样，就这样被宋人冠以"村客"之名了。

石榴在宋时已被广泛地应用于医疗之中，《证类本草》和《幼幼新书》等医书上详细记载了石榴的药用价值。石榴还可以酿酒，崖州（今海南崖县）妇人"以安石榴花着釜中，经旬即成酒，其味香美，仍醉人。"石榴皮汁还可以巩固描到玉上的花纹，"凡碾工描玉，用石榴皮汁，则见水不脱。"可见随着历史的进步，石榴的功用在被人们一步步地发掘深化。

五代时石榴花开花落被人认为是皇室更替的征兆。到了宋朝，石榴开始暗示个人命运的成败。洪迈的《夷坚志》中有这样一个故事：有人诬陷一妇人杀死自己的婆婆，妇人不能洗刷冤屈，临行刑时将鬓边石榴花捅入道旁石罐中愿其生树，以证自身清白，结果第二天石榴花生出了新叶。这里的石榴似乎有灵性，不愿看到一个女子被冤死。王明清《挥麈录》载：南宋姚宏在宜和年间遇到一个法号叫做妙应的僧人，言其端午日在伍子胥庙中见到石榴花，就会有奇祸到来，后三年，果真应验。田况《儒林公议》言：宋代陈彭年为官殚精竭虑，极尽忠诚，并且洞察世事，一日见红英坠地，左右告之石榴花落，他便自以为命不久矣。时人认为他是不祥之物，乃是魅惑国家的九尾狐，不久逝世。陈师道的《后山谈丛》中广济衙门石榴的荣枯与军队的兴废相对，更是为石榴蒙上了一层神话的色彩。陈田夫《南岳总胜集》中载有石榴峰，那里有着道家仙人传说。这说明了宋代仍然延续着佛道精神，并且将其赋予石榴这一意象上。当然，石榴不止预示着人的死亡，还是让人进入仕途的征兆。叶延圭《海录碎事》里记载着榴实登科的故事，以及邵雍《梦林玄解》中言梦到石榴是大吉的征兆，均反映了宋人对于石榴作为吉祥之物的认同。

宋人喜写诗话，所以宋代与石榴有关的故事在宋人的诗话之中最多。阮阅《诗话总龟》有王禹偁作《千叶石榴》诗，真宗称赏其为"真才"；还有王安石所作的"浓绿万技红一点，动人春色不需多"，令人叹服；还有秦桧巧识偷榴吏的故事。最有名的是宋代大文豪苏东坡的故事。沈东老好客，结果迎来了回先生的光临，回先生大醉之后，用石榴皮在墙上吟诗一首，东坡后来路过此地，也用榴皮续诗，传为佳话。这则故事在宋人陈鹄《耆旧续闻》、胡仔《苕溪渔隐丛话》、阮阅《诗话总龟》、苏轼《补注东坡编年诗》、陈葆光《三洞群仙录》等书均有记载。

宋人喜将石榴萱草连用作诗。石榴有多子的寓意，萱草是宜男的象征，且二者均夏季开花，有许多相似之处，故宋代多出现"萱草石榴情更多"之类的诗句。石榴作为友人间互相赠答的题材，到宋代可以说是发展到了一个高潮，文人将其作为友情的象征。榴本与"留"谐音，古代士人宦游他乡，与亲友离，每每看到榴花便想起故园，故榴花又是思乡人的寄托。

总而言之，石榴在这一时期，无论是功用还是涵义，都在进一步扩大。

石榴文学的繁荣

元明清时期，有关石榴意象与题材的文学作品继续增加，据《广群芳谱》《古今图书集成》等书统计，这一时期以石榴为主题的元诗有21首，元词1首；明诗有95首，文2篇，词1首；清诗有225首，文5篇，赋5篇，词22首，数量远远超过了历史上的任何一个时期。

南宋·李嵩《花篮图页》

明清时期由于栽种技术的不断进步，石榴的种类更加繁多。而有关石榴的故事却不及前代丰富。最有名的是《灌园叟晚逢仙女》，但这只是明人对于唐代传奇《崔玄微》的进一步敷衍。而其他的如榴花妖的故事文献记载甚少。唯一有确切史料记载的是南宋爱国名将熊飞在故乡广东榴花村抵抗元军的事迹。

元代人将石榴花作为曲牌名推广，这就进一步促使了明清士人对于石榴的关注与吟咏。宋人陈深的《题钱舜举写生五首》之一的《石榴》开创了题画石榴诗的先河，元代马祖常的《赵中丞折枝石榴图》、傅若金的《题画石榴》以及王恽的《宋徽宗石榴图》等诗的出现更加深了明人对于画中石榴的热衷，题画诗词逐渐兴起；到了清代，这种风气依然延续并蔚为大观。

宋人的《花经》对于各种花的评价开启了明清士人对于万花的品评之风，而这种品评又大部分在于对于瓶中之花优劣的较量，这一情况的出现是由于此时插花艺术的流行。如明人张谦德的《瓶花谱》中言："四品六命：山矾、夜合、赛兰、蔷薇、秋海棠、锦葵、杏、辛夷、各色千叶榴、佛桑、梨。"与宋代相比，地位稍稍靠前一点；明人袁宏道的《瓶史》中载"石榴以紫薇大红千叶木槿为婢"，紫薇、木槿均是夏花，紫薇花艳丽繁复，木槿花秀丽单薄，与榴花的火红如霞相比，终逊一等，故沦为瓶花中榴花的陪衬。清人汪灏的《广群芳谱》云"五月花盟主石榴、番萱、央竹桃"，榴花以盟主的姿态出现，这在以往从未有过，可见明清士人对于石榴的重视。

在明清风俗中，石榴占据着重要的地位。"送采定之妇，纱罗衣着，伴以榴花艾叶九子粽，谓之缀节。亦送嫁女及新婿"，在男方送彩礼或者女儿出嫁结亲之时，必定会带上石榴，以祝新人多子多福。顾禄《清嘉录》云："五日俗称端午，瓶供蜀葵石榴蒲蓬等物，妇女簪艾叶榴花，号为端五景。"，又言"《长元吴志》皆载：端午簪榴花艾叶以辟邪。"可见端午时佩戴榴花是特定的风俗。张岱的《夜航船》中也有端午插榴花的记载："端阳日以石榴葵花菖蒲艾叶黄栀花插瓶中，谓之五瑞，辟除不祥。"石榴花作为祥瑞之花，可以辟除那些不祥之物，这跟重阳节饮菊花酒、佩戴菊花一样重要。但是同样作为节日花，榴花的际遇却远不如菊花那么好，人们一直将菊花奉为隐士的象征，历代文人墨客莫不高歌菊花以标榜自身，而榴花则被淡忘在历史的尘埃中。

明清时代是一个善于总结的时代，不论是官修还是民间各书籍，都将前人的精华搜集整理成体系完备的著作。如明代官修《永乐大典》、清代官修《四库全书》，将中国上下五千年的几乎所有文字资料整理成一套套丛书。民间如明代李时珍的《本草纲目》，将各种植物的药性细说完备；徐光启的《农政全书》，将各类植物的种法详尽阐述；清人汪灏的《广群芳谱》、陈梦雷的《古今图书集成》等均为集大成之作，将各类花木功用详细描述；明人张池所编的《汉魏六朝百三家集》，清代陈元龙整理的《历代赋汇》、曹寅编的《全唐诗》、张豫章所辑《四朝诗》等将每个朝代的文学精华保存至一部书中。这些经过整理的各类书籍，其中均有许多关于石榴的记载，这为我们研究石榴这一意象提供了极为宝贵的资料。

　　总之，明清时期是石榴文学繁盛的时期，这一时期的人们普遍既关注石榴花果，又对于瓶中石榴以及画中石榴多加吟咏；并且人们致力于对有关文献的搜集、整理、保存。

明·陆治《端阳即景图》

石醋醋骂座

    石醋醋，是石榴的花神，亦用作石榴的别名。骂座，是指借酒骂在座之人。

    关于骂座，史上最早最有名的是"灌夫骂座"故事。司马迁《史记·魏其武安侯列传》记载，公元前131年，安武侯田蚡娶妻，失势的魏其侯窦婴与将军灌夫奉王太后的命令前去祝贺。灌夫敬酒，田蚡及他的手下傲慢无礼，灌夫大骂他们，田蚡借故杀了灌夫全家。因此，后人多用"灌夫骂座"或"使酒骂座"这两个成语，形容为人刚直敢言，不谀权势。

    石醋醋，同样是一位不谀权势的花神，也有典故。史籍记载，唐天宝中，崔玄微夜宴众花神和封家十八姨，十八姨轻佻翻酒污了石醋醋绯衣，石醋醋拂袖而起，怒斥十八姨而去，夜宴不欢而散。明夜诸女又来，请求崔在花枝上悬挂朱幡，是夜东风刮地，院外折树飞沙，而苑中繁花不动。崔乃悟诸女皆花精，石醋醋乃安石榴，而封十八姨乃风神也。百花神怕风，众花神本想夜宴求风神庇护，但轻佻的风神惹怒了嫉恶如仇的石醋醋，石醋醋愤而骂座。石醋醋骂座骂出了一个"崔玄微悬彩护花"的千古佳话，风神无可奈何。灌夫骂座，则被田蚡抓住不放，上升到对王太后不敬的政治事件，枉送了硬汉和全家性命，就连一起去祝贺的朋友窦婴也受了牵连而被诛杀。后人赞叹灌夫刚直敢言的同时，总不免唏嘘感叹一番。

    "石醋醋骂座"发生在唐朝，但首创"石醋醋骂座"这个生动词语的人，则是明朝的一个奇人了。这人，在书、画、诗、文、戏曲等领域都有极深的造诣，但生前空怀一身本领，极不得志，一生经历充满坎坷、险恶和痛苦，最终穷困潦倒而死。身后却获得极高声誉，被誉为古代十大名画家之一、"明诗第一人"；清代郑板桥曾以五百金换其石榴一枝（画），并刻有一方印章，称自己为其门下走狗；近代国画大师齐白石也说自己恨不生三百年前，为其磨墨理纸，简直到了顶礼膜拜的地步。这人，就是明代杰出的文学艺术大家徐渭。

徐渭（1521—1593），字文长，号天池山人、青藤居士，浙江绍兴人。天资聪颖，虽有奇才，而屡试不第。后被兵部右侍郎胡宗宪赏识，招至任浙、闽总督幕僚军师，屡献奇谋。却终又因胡倒台而受刺激，数次自杀而罹祸发狂，以至杀妻、下狱。出狱时年逾五十，开始四处游历，著书立说，写诗作画。晚年更是潦倒不堪，穷困交加。最后在"几间东倒西歪屋，一个南腔北调人"的境遇中结束了一生。死前身边唯有一狗与之相伴，床上连一铺席子都没有，凄凄惨惨之极。人生的不幸固是痛楚而悲怆，但也正是如此，才造就了徐渭在艺术方面的卓绝表现及杰出成就。艺术作为徐渭情感宣泄及升华的载体，其不羁的性格、狂狷的才情及散漫而无所顾忌的人生道路，给了徐渭最大的自由空间，故其诗、文、书、画皆匠心独运，直抒胸臆、追求性灵、表现真情。可以说，悲剧的一生造就了这位伟大的艺术奇人。

徐渭性格狂放不羁，不媚权势。当官的来求画，连一个字也难以得到。徐渭的诗歌才华横溢，嬉笑怒骂，皆成文章。也许是石醋醋桀骜不驯、不畏权势的个性，让他身同感受，就在他的一幅题画诗中，首创了"石醋醋骂座"这个语言虽然平白，但出人意表、无比生动。

徐渭这首题画诗的全名叫《予作花十二种，多风势，中有榴花，题其卷首曰石醋醋骂座》，诗曰："洛阳城中崔处士，花园麝起花妖至。封姨十八太癫狂，石家醋醋新高髻。醋醋能娇百带牢，珊瑚枝上织鲛绡。明珠似月摇难落，冰住黄鱼白鳔胶。封姨身重不能斤，翻杯湿却石家裙。初来竟唱迎姨曲，转眼翻为骂座人。朱唇粉晕山眉远，愁来皱断春蚕茧。石娘娇小不辞觞，夜深潮浅腮红软。金铃不动仗崔徽，明岁冯他十八姨。借问当时诸女儿，可似此中数抹蓝燕脂。噫吁嘻，胡蝶灰，黄蜂锥，封姨之风丰隆雷，问画图，有与无，十八姨，胡为乎？高阳酒徒，燕市狗屠，耳热之后，秦筝呜呜，明日重阳，无钱可沽，十八姨，胡为乎？十指握钩，五白呼卢，夜义子都，同醉一垆，十八姨，胡为乎？"诗的上半部分，描述了风神十八姨癫狂，不曾想惹怒了石醋醋，石醋醋愤而骂座，以至"崔处士悬彩护花"的传奇场景。诗的下半部分，以戏谑风趣的语言，反复反问十八姨的新颖手法，实写与朋痛饮、游玩赏乐、吟诗作画、醉卧茅庐，甚至重阳登高而无钱买酒、贫困潦倒的境况，透露出时运不济、怀才不遇的无奈，放浪形骸、狂放不羁的感慨。整诗用十八姨贯穿全篇，上半部分的十八姨是实写，下半部分的十八姨是虚写，在下半部分，十八姨俨然成为命运或权势的一种象征。诗中石醋醋的形象最为生动，外表"高绾发髻、娇小美丽、不胜酒力、两腮红软"，性格"转眼翻为骂座人"，才不问你是什么"东西南北风"，火辣刚烈、嫉恶如仇，不事权贵，让人赞叹。

无独有偶。徐渭身后四十多年后，又一位文学巨匠蒲松龄在山东淄博诞生。蒲松龄的人生境遇竟然和徐渭如出一辙，早岁即有文名，屡应省试，皆落第。一生家境贫困，

明·徐渭《杂花图卷》

潘振镛（1852—1921）《花神胜会》

———————— 中国石榴文化 ————————

接触底层人民生活。能诗文，善作俚曲。以数十年时间，写成闻名于世的短篇小说集《聊斋志异》。令人称奇的是，他竟然也有一篇"石醋醋骂座"的诗，题目叫做《斋中有柑橘、菖蒲、迎春、海棠、月季、盆草、盆石、夹竹桃，又有榴树二，花大而实肥，因效徐文长作石醋醋骂座》，诗曰："石醋醋，唾橘奴，为人贱弃离故庐，黄甘陆吉皆其徒。酸寒蕙草，冷瘦菖蒲，短发萧萧，无枇可梳。迎春短陋，瘿颈皱肤。怪石当风，其声呜呜。黄杨虽冬青，意调绝骞孤。月季太单寒，俛首如愁胡。丁香依稀四旬余，犹学雏娃妆明珠。海棠荡冶淫且污，自谓风流绝世无。夹竹蹙頞效玄都，槭皮嶙峋良丑粗。妾本石家女，嫁为吹箫侣。敢道容颜胜如他，貌亦犹人子颇多。"借石醋醋之口，以第一人称，运用诙谐的拟人化语言，将同门的缺陷逐一数落一遍，反衬出石醋醋自己的美貌和多子多福。蒲松龄的这首诗，表达了他对石醋醋的偏爱，这里的石醋醋如小家碧玉，有些顽皮、调侃和酸酸味道，读来充满情趣，诙谐戏谑，轻松自然。虽是说效仿徐文长，但只是借鉴了徐诗的名字而已，内容和形式却完全不同，完全没有徐诗的绮丽、沉重、无奈、义愤和感慨。

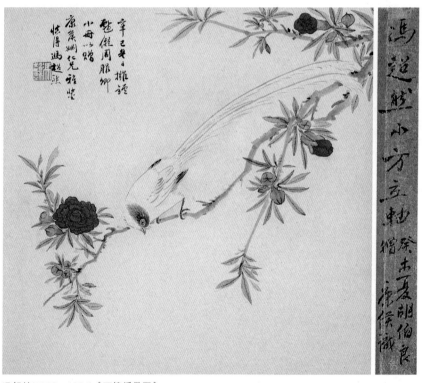

冯超然(1882—1954)《石榴绶带图》

石榴花神传奇

花神，即花木之神。又名"九夷"，或称"花姑"。

爱花是中国人的传统。古往今来，人们在观赏花的姿韵，赏心悦目的同时，赋予了百花以人格寓意和文化品格。文人墨客还根据每个月中最具代表性花卉的不同风姿神韵进行遴选，从而造就出农历十二个月的代表花卉和花神来。因地域、风俗、文化等各异，各地十二个月的代表花卉略有不同。流传较为广泛的是：一月梅花、二月杏花（兰花）、三月桃花、四月牡丹（蔷薇）、五月石榴、六月荷花、七月凤仙（蜀葵、玉簪花、鸡冠花）、八月桂花、九月菊花、十月芙蓉、十一月山茶、十二月水仙。而各月代表花卉的花神，则各地传说莫衷一是、众说纷纭、异彩纷呈。民间俗称农历五月为"榴月"，代表花卉石榴，各地比较一致。但是，石榴花神传说众多，简直可以用传奇来形容。一说是"鬼王"钟馗，一说是汉朝出使西域的张骞，一说是汉武帝的皇后卫子夫，一说是东晋女书法家卫氏，一说是南朝文学家江淹，一说是唐代女书法家吴彩鸾，一说是唐代的舞蹈家公孙氏，一说是唐朝诗人孔绍安，一说是魏安德王妃李氏，一说是唐代文学中传奇人物石醋醋。

面目狰狞、斩妖除魔的大男人钟馗，竟然成为娇艳欲滴的石榴花花神，最具喜剧色彩。根据《唐逸史》记载，唐玄宗久病不愈，一日忽然白昼做梦，看见有小鬼偷窃杨贵妃的锦绣香囊和自己心爱的玉笛，而且绕殿奔跑嬉戏。玄宗问："干什么？"小鬼说："我叫虚耗，虚就是偷东西、耗就是把喜事变丧事！"玄宗知道很不吉利，又惊又怒，大声呼叫殿前武士驱赶小鬼。这时候，出现一位顶着破帽、身穿蓝袍、束着角带的虬髯大鬼，把小鬼捉起来，剜掉了眼睛，劈开来吃了下去。玄宗问道："你是谁？"回答说："臣是终南进士钟馗，因为应试不捷，触殿阶而死，承蒙皇上御赐绿袍埋葬，所以誓言要除尽天下虚耗妖孽，以报皇恩。"唐明皇醒来，汗流浃背，觉得神清气爽，疾病竟然不药而愈，立即召见吴道子作画，由于画得神气活现，深获皇上嘉许而获得百金。从此，钟馗成为家家户户在端午节悬挂张贴的神像，祈求鬼王驱鬼除恶、祛病镇邪，保全家安康。相传钟馗生于端阳之日，此时适逢石榴花开，钟馗嫉恶如仇、暴烈如火的性格，恰如石榴花的热烈奔放和刚烈性情，得到万人敬昂，且钟馗多着石榴花般艳丽火红的袍子，因此，驱邪除魔的钟馗便被顺理成章地被古人冠上石榴花神的雅号。最有意思的是民间带有石榴花的钟馗画像，钟馗虬须怒目、狰狞可怕、青筋暴露，但在耳边插着或者是手里持着一支火红盛开的石榴花，别有一番风趣，让人过目难忘。

石榴花神公孙氏，又称公孙大娘，是开元盛世唐宫第一舞人，唐代最杰出的舞蹈家之一。她善舞剑

溥儒（1896—1963）《钟馗舞剑》（康欣欣供图）

器，舞姿惊动天下。以舞"剑器"而闻名于世。她在民间献艺，观者如山。应邀到宫廷表演，无人能比。她在继承传统剑舞的基础上，创造了多种"剑器"舞，如"西河剑器""剑器浑脱"等。杜甫描叙她的剑舞道："昔有佳人公孙氏，一舞剑器动四方。观者如山色沮丧，天地为之久低昂……"据说草圣张旭的狂草书就是从她的剑舞中获得的灵感。传说公孙氏之所以能被尊为石榴花神，主要是她的舞姿气势，有着火一样的热情，像石榴花那样红红火火，同时又是一个美丽女性，古人以为能胜任司花花神的职责。

另一传奇色彩的石榴花神是唐代女书法家吴彩鸾。唐代文献记载，吴彩鸾隐居在成都附近西山，后来邂逅并嫁给了贫苦书生文箫。彩鸾和文箫同甘共苦，她每天写韵书一部，让文箫拿去出售。十年后，他们各跨一虎飞升成仙。五月榴花红胜火，彩鸾性威猛，当司榴花。

卫氏，又称卫夫人，东晋著名女书法家。姓卫名铄，字茂漪。河东安邑（今山西夏县）人。古代百美排第八十七。有《名姬贴》《卫氏和南帖》传世，撰有书法理论《笔阵图》。《书评》称其书法为："如插花少女，低昂美容；又如美女登台，仙娥弄影，红莲映水，碧海浮霞。"史载古代书法第一大家王羲之曾拜其为师。传说卫夫人学习非常投入，常常是边吃边看书，一次竟用馍把墨蘸吃光了。等到王羲之来看她吃了饭没有，但见菜原封不动还在桌子上，砚中的墨且光了。卫夫人这才知道自己用馍把墨蘸吃光了。缘何古人把其列为石榴花神，想必是古人敬重其美貌和才华的原因。

也有因石榴诗赋而被赋予石榴花神的。如南朝文学家江淹，其《石榴赋》云："美木艳树，谁望谁待？缥叶翠萼，红华绛彩。照烈泉石，芬披山海。奇丽不移，霜雪空改。"江淹晚年才情减退，诗文无佳句，才有了"江郎才尽"这一典故，但其《石榴赋》，把石榴花、果的美艳描写到极致，而千古传咏，江淹石榴花神实至名归。唐时诗人孔绍安咏石榴曰："只为时来晚，花开不及春。"时人称之，因此被古人视为榴花之神，似有牵强之意。

魏安德王妃李氏为榴花之神，源于北齐的一个典故。北齐安德王高延宗娶李祖收之女为妃，文宣帝高洋来到李妃的娘家做客，李妃母亲呈献两个石榴。文宣帝不解其意，这时皇子的老师魏收解释说："石榴房中多子，王新婚，妃母欲子孙众多。"皇帝听了非常高兴。自此始，出现了用石榴预祝新人多子多福、幸福美满的风俗。以魏安德王妃李氏为石榴花神，表达了古人向往幸福生活的朴素期望。

大汉传奇使者张骞出使西域，带回石榴、葡萄、胡椒等故事尽人皆知，被封为石榴花神理所当然。

另一石榴花神只说为汉武帝的皇后卫子夫。"生男无喜，生女无怒，独不见卫子夫霸天下。"这是汉时民间流传的歌谣，赞美贵为皇后的卫子夫恭谦和顺的品行。据说卫子夫美丽聪慧，满头青丝如瀑，光可耀人，14岁进宫，26岁被封为皇后，并一直保持了38年，成为中国历史上在位第二长的皇后。其弟卫青、外甥霍去病都是历史上著名的抗击匈奴的民族英雄。其缘何与石榴花神结缘，历史无从考据。

令人叫绝的石榴花神形象，是石阿措（亦称石醋醋）。关于石阿措的故事前面做过详细介绍，这里不再赘述。这一故事深得后人喜爱，被广为流传。南宋葛立方《题卧屏十八花·榴花》："琴轸含房风未吹，盈盈脉脉度炎晖。怪来一夜丹须拆，杯酒新翻阿措衣。"南宋陆游《山店卖石榴取以荐酒》："山色苍寒云酿雪，旗亭据榻兴悠哉。麴生正欲相料理，催唤风流措措来。"吟咏的就是石榴花神阿措。

每年农历二月十二日是百花的生日，叫"花朝节"，是我国民间传统的岁时八节之一，也叫"花神节"，俗称百花生日。这天要依照礼俗祭花神，向花神祝寿，以祈愿风调雨顺、富贵平安、吉祥如意。这个节日的来源，竟然也与阿措有莫大的关系。阿措粉面含怒、怒斥轻佻的封十八姨之后，拂袖而去，夜宴不欢而散。次日晚，那位阿措姑娘飘然前来求助于崔玄微——原来她们花神要来人间花苑迎春怒放，可是那位叫封姨的风神出头阻挠。花神们本想借宴请之机向风神求情，不料阿措坏了事。如今众花神都埋怨她，只好求助于崔玄微，她请崔玄微准备一些红色锦帛，画上日月星辰，在二月二十一日五更悬挂在花枝上。崔玄微依言行事。届时果然狂风大作，但是有了彩帛保护，百花安然无恙。当夜，众花神又化成一群丽人向崔玄微致谢，还各用衣袖兜了些花瓣劝他当场和水吞服，崔玄微因此延年益寿至百岁，且年年此日悬彩护花，最终登仙。"崔玄微悬彩护花"故事后来演变成"花朝节"习俗。是日，人们剪五色彩纸粘在花枝上，称为"悬彩""赏红"，是最重要的"花朝节"活动之一。由于悬彩时间安排在五更，故名"花朝"，至于日期如何衍变为其他日期，可能与各地花信的迟早有关。

石榴花事

千花事退　榴花独芳

"只为来时晚，花开不及春"。在那春光老去、花事阑珊的时候，艳红似火的榴花不觉间跃上枝头，确实有"微雨过，小荷翻，榴花开欲燃"的诗情画意。千百年来，石榴的枝、叶、花、果，入诗文最多的，莫过于石榴花开；盛夏时"石榴的色彩"，莫过于石榴花的火红、耀眼、纯正，熨入心底。

古人把石榴又称作丹若，就取自石榴花的红。《酉阳杂俎》载："石榴，一名丹若。"《本草纲目》云："若木乃扶桑之名，榴花丹颊似之，故亦有丹若之称。"丹华照灿，晔晔萤萤。石榴花盛开时，好似一簇簇跳动的火焰，动人心魄，因而有许多诗人将石榴花比喻为火，如"燃灯疑夜火，连珠胜早梅（南朝梁·萧绎）"；还有将石榴花比喻为胭脂的，"晚照酒生娇面，新妆睡污胭脂（宋·陈师道）""绛帐垂罗袖，红房出粉腮（清·吴伟业）"；也有将石榴花比喻为红霞的，如宋代吴琚的"晚霞犹在绿荫中"、明代杨升庵的"朵朵如霞明照眼"。值得一提的是，宋王禹偁在《咏石榴花》写的："谁家巧妇残针线，一撮生红熨不开"，写得极为美妙、形象，不仅道出了石榴花的颜色，还生动地描绘出石榴花的形貌。花开时颜色艳丽，花瓣上布满了褶皱，仿佛熨不开的印痕。再有，韩愈的"五月榴花照眼明"，仅用"照眼明"三个字就勾画出了五月里石榴花开时繁茂烂漫的景象，生动而传神，千古传诵。东汉学者蔡邕《翠鸟诗》这样描绘："庭陬有若榴，绿叶含丹荣。翠鸟时来集，振翅修形容。回顾生碧色，动摇扬缥青……"这可能是中国最早把石榴绿叶、红花作为意向描绘的诗词之一。日本华裔大师级作家陈舜臣在《丝绸之路的奇闻逸事：西域余闻》中赞之为一首色彩之歌。他说道："石榴作为一种西域植物被引进东方，为这片土地增添了丰富的色彩。这色彩不但渲染了风景，也渲染了诗歌文学。"

古人特别喜欢石榴花，还创造了一个类似《桃花源记》的《榴花源记》。相传闽县东山有榴花洞，唐永泰年间，有个樵夫叫蓝超，遇见一头白鹿，一直追到榴花河口。洞门极窄，进入深处，豁然开朗，内有鸡犬人家。蓝超见一老翁，说是避秦时难来到此地，并劝他也留下，蓝超说回去辞别妻子再来，老翁临别时赠予石榴花一枝。蓝超出来后像是做了一场梦，不久再欲前往，但已不知洞在哪里。这个故事的流传甚广，表明古人在心目中因喜爱石榴而想塑造一个"榴花源"式的理想境界。这个传说被收录在宋代祝穆撰写的《方舆胜览》里。

在明人的插花艺术"主客"和"主婢"理论中，石榴花总是列为五月的花主之一，称为花盟主，辅以栀子、蜀葵等，这些花则被称为花客卿或花使令，更有比喻为妾、婢的。明代屠本畯《瓶史月表》中载："五月，花盟主：石榴、番萱、夹竹桃。花客卿：蜀葵、洛阳花、午时红。花使令：川荔枝、栀子花、火石榴、孩儿菊、一丈红、石竹花。""番萱"即萱草，别名金针菜、黄花菜等，确在花期。"午时红"是指夜落金钱还是半枝莲难以确定，两者都叫午时花，都以红花为主，花期也相近。"川荔枝"是原产四川的荔枝。"火石榴"是石榴的一种，植株较矮，花色火红。"孩儿菊"可能指早菊中的紫菊或草药中的泽兰，但按本月花期看应该是前者。从中可见古人对石榴的推崇。

现代文学大师郭沫若1942年的散文《石榴》这样描写石榴花："石榴有梅树的枝干，有杨柳的叶片，奇崛而不枯瘠，清新而不柔媚，这风度实兼备了梅柳之长，而舍去了梅柳之短。最可爱的是它的花，那对于炎阳的直射毫不避易的深红色的花。单瓣的已够陆离，双瓣的更为华贵，那可不是夏季的心脏吗？"将石榴的花朵比喻为"夏天的心脏"是其"文眼"。这样的比喻，有的理解为作者的赤诚和满腔热血投入火热的民族解放斗争的生命体验；有的将这一作品中的"夏天"及其"心脏"——理解为"火热的斗争"以及投身其中的"赤子"；有的理解得更加抽象，而将对生命热力的体验与赞美作为这一作品的思想主题。篇幅虽然短小，却包含着较多层次的思想内涵。

今人吟咏石榴花的文章更是数不胜数，常琪这样描写石榴花："石榴是那种不开花也许就注意不到的植物，换句话说，一旦开花就惹得要命。那样的红，熨在心底，说不上的好。仿佛念及湿热的端午，眼前就是那样的颜色，再无他物。"长亭送别的散文《石榴花开》侧重写石榴花开的人文性格："要红就红得肆无忌惮，死去活来""没有石榴花开的地方哪有真正的夏天""在夏季的烈日下燃烧，在岁月的风霜中深沉"……让人印象深刻。再就是一首赞美石榴的诗："烈日烧成一树彤，万花攒动火玲珑。高怀不与春风近，破腹时看肝胆红。"读来让人眼前一亮，回味无穷，完全可以用气势非凡、文采飞扬，不输任何历史名家吟咏石榴的诗词来赞誉了。此诗，现被醒目地展示在山东省枣庄市峄城区建设的中国石榴博物馆内。只是可惜的是，此诗的作者是谁？标题是什么？何时何地什么背景下创作的？博物馆建设管理方一直在考证无解。

花神賦　　余寘父花神圖見示索題者余愛其楷思

各有持仇若　　　　　　　　　　　　以遂發應佳

均鈔用筆精妍不揣荒淺為賦云

伏大遺之嬋化妹品蠹而教榮徇令序

即而挑生緋紅鮮紫濤白輕青珠形益

城宮貴而嚴或雅潔而清馨或艷黑色莃苓

淩子或翻如骨嬌或綿山之偏或賺水之窈窕

或花霄均或佐元亮之樽或賺城水之明如

父之津或滿河陽之邑或偏蜀帝或引阮之城或搔旋於遂

於本畔或歸約於修御河圓或搔旋於

行平語名載範經美不邲暉釰笑沐兩生叢而臨風風

態照水含情爭妍春曉敦秀清香散明蟾之夕

浮零宻之晨能使碧山藍媚曲江風暖

晚霞鴛鴦坊逋椑朹綠水增明

涎睇硬容芳分實心閣分修杆梳隆春

賞則盼說為之玉宇分偏蝶片女琴隆

尊綵天雕璘諒有神分以纓金而結綺分

若綵天雕璘諒分出塵錦芳分芳

蕭瑞華兮兩晴吐碧若天文闈曆和渥丹兮

分何家潘濃分黙戴龔藥分成蓂夫菁英彌波分

唐棣與莪兮漆點子岐分英或王姝分

分為藀集群盡龜台柱枝分芬荷兮吹氣分芳

毅駈霜庭分韻望優駕征柱朹分宛尉之靈具芳

圖得稳歷分華林飲餘言之金絲婼之惠薄分

　　長洲文徵明書

分為麈字記青羽兮

驟眼碩獻臥泉兮

花兮長醉臥於花

头戴榴花辟邪与男人簪花

　　石榴花开，开在农历五月。因此，古人称五月为"榴月"，称榴花为"五月花""五时花"。石榴花是端午时节的时令之花、祥瑞之花。古人在用石榴花装扮美容的基础上，更是赋予了辟邪趋福的祥瑞象征。

　　汉代以后，簪花之俗在妇女中历久不衰，所簪之花大多为时令鲜花。春天多簪牡丹、芍药，夏天多簪石榴花、茉莉花，秋天多簪菊花、秋葵等。梁简文帝《和人渡水》诗："婉婉新上头，湔裾出乐游。带前结香草，鬟边插石榴。"这时候的头簪榴花，更多的是美容装扮作用。从唐朝开始，古代民间开始出现榴花辟邪的习俗，明清尤为盛行。《帝京景物略》载："五月一日至五日，家家妍饰小闺女，簪以榴花。"用石榴花辟邪趋吉的民俗，最极致的应当是广东潮汕地区。石榴树的枝叶，无论是否有花，都被潮汕人称为红花。"红花是皇帝""红花辟邪气"。从古至今，无论大小事，只要跟民俗有关的活动，喜庆嫁娶、时年节令、游神赛会、消灾送葬，甚至神汉巫婆，无不视其为祥瑞之物而充分利用。在山东等北方民间亦有"五月端午不戴花，死了变成癞蛤蟆"谚语流传。

　　关于端午戴榴花，徐立平在《五月榴花红，谁家女儿插满头》散文中这样描述："石榴花开的季节，母亲总是提前把我们姐妹梳妆打扮好，然后把清晨去姥姥家摘回的带着露珠的石榴花，为我们插到辫子上。我发现母亲端详我们的样子，好像在看多年前的自己。那时的母亲是美丽的，我总是踮起脚尖，把剩下的石榴花往她的头上胡乱地插。母亲居然不生气，只是笑，然后轻轻

明·仇英《花神赋》　　　　　　　|←|
明·吕纪《榴花双莺图》　　　　　|→|

地摇头，却不说话。有一缕的发梢，从她的额前轻轻地垂下来……"似乎，在今人描写端午榴花习俗的文章里，流淌着更多的情感因素，读后心底不由地升起暖暖的情意和感动。

史上也有男子簪石榴花的。传说中最著名的石榴花神、凶神恶煞的鬼王钟馗耳边就经常插朵石榴花或在手中拿着一枝石榴花，也许是他刚直不阿、嫉恶如仇、暴烈如火的性格，恰如与石榴花的热烈奔放、刚烈性情相通的原因吧。国画、年画中的钟馗簪榴花，更多的是一种石榴花神的身份和性格象征。

《水浒传》中的"短命二郎"阮小五出场时是这样一种情形："斜戴着一顶破头巾，鬓边插朵石榴花，披着一领旧布衫，露出胸前刺着的青郁郁的一个豹子来。"现在看来，鲜花与草莽、娇艳与粗犷，极不协调，荒诞不经，然而又是历史的真实。因为在两宋时期，不分男女，不分身份、地位和年龄，都时兴簪花。史上最有名的是"四相簪花"的故事。北宋时期，扬州太守韩琦宴请王珪、王安石、陈升之，剪下四朵名为"金缠腰"的芍药花，在每人头上插了一朵。说来也奇怪，此后的三十年中，四个人竟都做了宰相。南宋周密《武林旧事》记载，在庆贺太上皇帝宋高宗八十寿诞的御宴上，"自皇帝以至群臣禁卫吏卒，往来皆簪花"。而"南宋四大家"之一的诗人杨万里则用诗描述了这场簪花宴会的热闹情景："春色何须羯鼓催，君王元日领春回。牡丹芍药蔷薇朵，都向千官帽上开。"上有好者，下必甚焉。由于皇帝的"率先垂范"，宋代男人簪花渐成时尚。从皇帝大臣、王公贵族到文人墨客、市井黎民都会瞅机会过把簪花瘾。所以说，在这里，水浒传英雄好汉簪花，更多的是一种习俗、一种时尚。

钱慧安(1833—1911)《簪花晋爵》

石榴花开与拜倒在石榴裙下

石榴花红，衍生出最具浪漫色彩的石榴裙。这是最具中国特色的石榴文化，因为在西亚、中亚等石榴原产地，以及栽培石榴较早的地中海沿线国家都没有石榴裙的概念，石榴裙是中国古人智慧和中国文化的原创。

汉朝无名氏《黄门倡歌》："点黛方初月，缝裙学石榴。"最早地把红裙和艳红的石榴花联系起来，这可能就是石榴裙的雏形。南梁何思澄《南苑遇美人》曰："风卷葡萄带，日照石榴裙。"南梁萧绎《乌栖曲》："交龙成锦斗凤纹，芙蓉为带石榴裙。"至唐朝，因为杨贵妃穿着石榴裙接受大臣们跪拜，因而有了"拜倒在石榴裙下"的典故。一代女皇武则天封石榴为"多子丽人"。她著名的《如意娘》诗曰：不信比来长下泪，开箱验取石榴裙。"读来让威严的女皇平添了些许浪漫温柔小女子情绪。正是由于杨玉环、武则天这两位美丽女性的极力推崇，石榴裙成为唐朝社会各个阶层女人最心仪的服饰。大红的裙子，绚烂夺目、光彩照人；大唐的女子，热情奔放、敢爱敢恨；再加上发达的经济、开放的思想、民族的融合等因素，使得"石榴裙"这一服饰在唐代大放异彩，成为当时最时尚的女装。"移舟木兰棹，行酒石榴裙"（李白）、"眉欺杨柳叶，裙妒石榴花"（白居易）、"眉黛夺将萱草色，红裙妒杀石榴花"（万楚）、"梅花香满石榴裙，只用微频艾纳薰"（唐寅）成为流传千古的名句。石榴裙俨然成为美丽女人的象征，成为女性以妖娆美姿吸引、诱惑男人的代名词。从这一点来看，石榴裙具有恒久的文化审美学意义，至今历经千年而不衰，仍受现代女子们所青睐。

其实，备受古人尊崇的石榴裙并不是用石榴花染成的，其花虽红艳的多，然而红石榴花汁的颜色却不是鲜红的。染石榴裙使用的是红花菜，又名红蓝花。染红色的染料也是从红花菜的花籽里提取出来的，加酸后沉淀而成。只是聪慧的古人，借用石榴花的颜色，来比喻女性红裙的绚丽色彩，平添了无比诗意的浪漫情趣，成就了最具中国特色的石榴裙文化。

实际上，古人真正利用石榴花的，是用做胭脂。中国传统以红为饰，胭脂的红是从朱砂、紫草、红花、山花、石榴花等物中提取的。唐段公路《北户录》载："石榴花，堪作胭脂。"至今，民间女孩亦有用石榴花染红指甲的习俗。据说，国外也有这种传统，在阿拉伯集市上，经常有人叫卖石榴花干粉的，因为阿拉伯女孩最爱用它抹脸、染指甲。

石醋醋与榴花仙子

石醋醋，虽然是传说中的人物，但受到中国人的喜爱和推崇，她当然也穿绯衣红裙，而且性格刚烈，不畏权势。"石醋醋怒斥风神十八姨，崔玄微悬彩护花"的故事，后来真实地演变成中国的花朝节习俗。石醋醋的石榴花神形象，后来延伸演绎为榴花

清·康涛《华清出浴图》

仙子的典故。其中，最著名的是山东省枣庄市峄城区"冠世榴园"景区内亭亭玉立的榴花仙子，伫立在古榴园的发祥地，默默守望着这一片神奇的土地和古榴园，现已成为"冠世榴园"风景名胜区的主要景点、峄城区的地标之一。江苏沭阳的榴花仙子，来源于《镜花缘》一书。李汝珍与沭阳名士吕昌际、任过沭阳知县的卫哲治探讨学问，谈论起他正在创作的《镜花缘》，卫哲治问其是否应该为沭阳写点什么。李汝珍望着窗外正在盛开的红如烈火般的石榴花说："送沭阳一位石榴仙子怎么样？"这可能就是在《镜花缘》一书中有所描述，现在矗立于沭阳县城里的那位神采飞扬的石榴仙子了。此外，各地还传承了一些其他以榴花仙子为中心意向的传说、故事。

黛玉葬花与白族食花

还有一位文学人物和榴花有莫大的关系，她就是林黛玉。黛玉由对落花的怜惜，为落花立花冢，而感悟于自身的爱情和命运，写下一曲千古绝唱《葬花吟》。但是黛玉葬的什么花？曹雪芹书中没有明写。红学大师周汝昌考证，黛玉第二次葬花葬的是石榴花和凤仙花。黛玉为榴花立冢，为榴花哭泣，也是为自身的爱情与现实的无奈而立冢悲泣，黛玉葬花，亦是葬己。事实上，石榴花期长，花量大，有完全花和不完全花之分。完全花属正常花，花冠大，萼筒呈葫芦状，俗称筒状花、大屁股花，可坐果，但花粉受精不好的也会落花；不完全花，花冠小，萼筒呈喇叭形，俗称谎花、尖屁股花，谢后即脱落。石榴花开之后，绝大部分的花会脱落，所以说，花落花谢是石榴正常的生长发育现象。可在林黛玉眼里，落花就是其美丽而凄惨人生的写照，红颜薄命，绚丽而短暂，也因此造就了《红楼梦》中最感人、最经典的片段。

可是，在云南白族人眼里，石榴的落花就是难得的绝美食材。石榴花开时节，大人、小孩忙着到石榴树下捡拾落花，带回家中，剥开花瓣，剔出花蕊，清水漂洗干净，放入滚水中烫得半熟，除去苦涩味后捞出，再放清水中浸泡、漂洗后待用，或者放在阳光下晒干储藏。鲜石榴花可炒、可煮、可煎，也可凉拌。其中以爆炒石榴花为佳。爆炒石榴花用腊肉做油，将腊肉高温烧化后，配上火腿、青椒、大蒜等连同石榴花进行爆炒。炒熟的石榴花瓣，吃起来脆脆的，清香中略带一点淡淡的苦涩味，滋味特别而隽永。这道以花为主要食材的菜肴，不仅顺应了节气时令变化，更是具有清热败火和扫毒的功效，成就了白族一道传统名菜和大理地方著名的药膳。晒干储藏的石榴花，可用油煎，也可炖在火腿中，也是让人回味无穷。

在造酒、品酒、饮酒者的眼里，石榴花是造酒原料之一。早在南北朝时期就开始出现榴花酒，唐宋时期为盛，上至宫廷盛宴，下至普通老百姓的日常饮食，都是最受欢迎的重要花酒之一。梁元帝萧绎有《刘生》诗曰："榴花聊夜饮，竹叶解朝酲。"唐朝李峤《甘露殿侍宴应制》诗曰："御筵陈桂醑，天酒酌榴花。"宋朝王安石《寄李士宁先生》诗曰："渴愁如箭去年华，陶情满满倾榴花。"《方舆胜览》记载：崖州妇人以安石榴花著

清《十二金钗图册·黛玉葬花》

釜中，经旬即成酒，其味香美。现在尤为可惜的是，古人酿造榴花酒的方法却没有传承下来。

在中医、藏医、维医等民族医药的从业者眼里，石榴花性平、涩，具有止血收敛功效，可用来治疗中耳炎、妇人带下、腰酸乏力、赤白痢下、腹痛里急以及治疗吐血、鼻血、咳血等，还可泡水洗眼，有明目之效，还可治疗白发。《本草纲目》载："阴干为末，和铁丹服，一年变白发如漆。千叶者，治心热吐血。又研末吹鼻，止衄血，立效。亦敷金疮出血。"《御定佩文斋》载："病目者，以红绢盛榴花拭目，弃之，谓代其病。"。在山东省枣庄市峄城区青檀寺景区，有金界遗址和岳飞养眼楼，传说岳飞常年征战，患上眼疾，在此处用石榴花和叶治好了眼疾。关于此事，历史虽然没有确切记载，但这里有大片大片的古榴园和民众对英雄岳飞极为崇敬的传统，衍生出来岳飞用榴花养眼传说，即使虚构，亦不为过。

在"采花使者"蜜蜂眼中，石榴花就是绝佳的蜜源之一。其花粉营养成分齐全，含粗蛋白22.48%、维生素C0.38%，并至少含有八种人体必需的氨基酸。现代科学研究表明，石榴花中含有多种次生代谢物：多酚类有没食子酸、鞣花酸、短叶苏木酚酸乙酯；三萜烯酸类有齐墩果酸、乌索酸（熊果酸）、马斯里酸、积雪草酸；花色苷为天竺葵素-3-葡萄糖苷和天竺葵素-3，5-二葡萄糖苷。这些次生代谢物质具有广泛的生物活性和促进健康及防治疾病的作用。

目前在中国，石榴花只是仅仅作为蜜源、食材、药材等简单初步地加以利用，而对石榴花的系统研究、精深开发还未引起足够重视。我们相信，随着科技的进步和社会的发展，石榴花和石榴花产业也会愈来愈红火。

国花与市花

石榴花是这样的绚丽多姿，可欣赏、可入诗、可入画、可辟邪、可入药、可酿酒、可做蜜源、可做食材……以致普遍受到古今中外各界人士的喜爱。

地处地中海沿线的国家西班牙、利比亚，有着石榴栽培得天独厚的气候和土壤条件，石榴资源也较为丰富，这两个国家将石榴花上升为国花的高度。

西班牙的国徽、国旗上都有石榴的标志。其国徽中心的盾徽画着代表组成西班牙的五个王国的图案：红底金色城堡与白地紫狮分别代表卡斯提尔和雷恩王国，垂直的红、黄条纹是亚拉冈王国的代表色，红地上的金色链网纵横相交的十字代表纳瓦尔王国，最下方的石榴代表格拉那达王国。其国旗自上而下由红黄红三个平行长方形组成。中间黄色部分占旗面的一半，左侧绘有国徽。红、黄两色象征着人民对祖国的一片赤胆忠心。

为什么西班牙国花是石榴呢？说是来源于一个传说。在两千多年前，西班牙国王的女儿玉晶公主，爱上了一个平民家庭的小伙子，国王不同意，不让他们成亲，硬把小伙子判了罪，发配到很远很远的地方。玉晶公主因为失恋的痛苦，每天呆呆地站在花园内的假山下，看着百花落泪，颗颗泪珠洒落在假山石旁。第二年，玉晶公主相思过度，悲痛地死去了。在泪珠洒落的地方，长出一棵棵带刺的花树，结出一个个比拳头大些的圆圆的果子。花工呈报给国王，说御花园假山下，出了一些奇树，开的花像火一样红，结的果像球一样圆。国王和大臣们觉得是怪事，每天来花园看一次。奇树总得有个名字吧，因为生长在石头旁边，人们就叫它石榴花树了。石榴花树又是生长在玉晶公主站过的地方，也象征着玉晶公主的形象。于是人们说，石榴籽儿是玉晶公主的颗颗泪珠凝成的。国人同情玉晶公主、喜爱石榴花，他们把石榴花树栽遍全国。为了纪念玉晶公主，石榴花被命名为西班牙国花。

传说只是传说，其实在西班牙广袤的土地上，不论高原山地、市镇乡村、房前屋后，还是滨海公园，几乎都可以寻见石榴树的身影。其国徽底部的石榴图案，象征的是十五世纪西班牙从阿拉伯人手中夺回的最后一个据点——格拉纳达。当年阿拉伯远征军跨过直布罗陀海峡到达欧洲，并在包括格拉纳达在内的伊比利亚半岛上安营扎寨，占据当地达数百年之久。而阿拉伯人的到来，为格拉纳达带来了许多阿拉伯的植物，其中就包括石榴。格拉纳达在西班牙语中便是石榴的意思。所以这个与石榴有着不解之缘的城市也被称为"石榴之城"。数百年过去了，曾经的战火已经离我们远去，但"石榴"却已成为这座城市、这个国家的一种标识。

石榴在中国的栽培历史也很悠久，且分布广泛，除了东北、内蒙古的极寒冷地区之外，其他各地均有分布，并以其吉祥深厚的文化寓意，受到人们喜爱。目前，共有陕西西安，安徽合肥，山东枣庄，河南新乡、驻马店，江苏连云港，浙江嘉兴，湖北黄石、十堰、荆门这10个城市把石榴花确定为市花。石榴花是中国入选城市市花最多的植物之一，仅排在月季、杜鹃之后，居第三位，菊花、荷花、牡丹等传统名花还排在其后。在各地举办的石榴专题节庆活动以及一些综合性展会、运动会的会徽、吉祥物都是采用了石榴花、石榴果或石榴仙子的元素。中国花卉协会发布的《2017全国花卉产销形势分析报告》载："目前制作盆景的植物有60多种，排名前10的植物种类有：松类、柏树类、罗汉松、榆树、石榴……"，表明石榴已经成为中国盆景的主要树种，在花果类盆景中排在第一位。在中国石榴之乡——山东省枣庄市峄城区，每年生产、制作以赏花、观果为主的石榴盆景、盆栽5万余盆，在园总量30万盆以上，无论是生产规模，还是创作水平，都引领着中国石榴盆景产业的发展方向。

这些都充分表明，石榴花——这一通过丝绸之路引入的异域之花、中外文明交融之花，以它的成熟魅力而深受世界各地人们的喜爱，在将来一定会开得更为灿烂、更为艳丽。

榴皮题壁

　　题壁诗，是指古代诗人直接题写于公共场合，如驿站旅舍、楼台亭阁、僧寺道观、名胜景点等地方的墙壁、廊柱、石壁等之上的诗歌。题壁，是古代常见的一种诗歌创作和传播方式。古代著名诗人几乎都有题壁诗。尤为传奇的是，现场没有笔墨，有人就突发奇想，用石榴皮作笔，潇潇洒洒，一挥而就，成就了许多榴皮题壁诗，甚至一些诗的名字干脆就叫《榴皮题壁》。

　　吃完石榴剩下的石榴皮，毫不起眼，但被古人开发出多种用途。古代中医认为，石榴皮可以入药，主治下痢、漏经、脱肛、筋骨腰脚不遂等症，直到现在仍广泛应用于中药领域。古代老百姓则把石榴皮作为一种天然的植物染料，用石榴皮染布十分盛行，据说抗日时期八路军战士们穿的粗布军装，很多就是用石榴皮染成的。古代文人则把石榴皮当做应急时候的一种书写工具，彰显文人豪放不羁、潇洒倜傥本性，传播诗情、才情的同时，经意或不经意间就创造了石榴皮的另一种功用，有的甚至还演绎出一段流传千古的佳话。

　　北宋陆元光《回仙录》记载，吴兴之东林沈东老，善酿白酒。熙宁元年（1068）八月十九日，有客自号回道人，长揖于门曰："知公白酒新熟，远来相访，愿求一醉。"东老见其气度非凡，知为异人，乃出酒器十数件陈于席间。回道人自日中至暮，已饮数斗，了无醉色。时秋暑未退，蚊蚋尚多，回道人乃命取竹枝，以余酒噀之，插于远壁，须臾蚊蚋尽栖壁间，而所饮之地无扰。东老欲有所叩，先托以求驱蚊之法。回道人说："且饮，小术何足道哉！闻公自能黄白之术，未尝妄用，且笃于孝义，又多阴功，此予今日所以来寻访，而将以发之也。"东老因叩长生轻举之术，回道人说："以四大假合之身，未可离形而顿去，惟死生去住为大事，死知所往，则神生于彼矣。"东老摄衣起谢，有以喻之。回公曰："此古今人所谓第一最上极则处也。此去五年，复遇今日，公当化去。然公之所钟爱者，子偕也，治命时，不得见之。当此之际，公亦先期而致谨，勿动怀，恐丧失公之真性。"东老颔而悟之。饮将达旦，回道人取席上石榴皮，于壁上题诗一首："西邻已富忧不足，东老虽贫乐有余，白酒酿来缘好客，黄金散尽为收书。"已而告别，东老送之至舍西石桥，回道人先行数步，乘风而去，莫知所适。后东老果于熙宁五年（1072）辞世。

故事美丽而神奇，尤其是"回道人"的榴皮题壁诗，值得深思回味。诗中以"西邻富忧不足"做对比，盛赞了东林沈东老"乐贫好施、好客，喜欢结交文人名士，不惜钱财藏书爱书读书"的高贵品行。这与古代文人清贫不失其志、惟有读书高、洁身自爱、乐贫好施的心理情结极度吻合。北宋以后，历代有人假托吕洞宾之名（或称"回道士""回客""回山人""回道人"等），行种种异事，故神化事迹迭出。民间信仰吕洞宾者甚盛。而盛传此"回道人"就是吕洞宾，极有可能是原创者欲借妇孺皆知的吕洞宾大名，期望增加可信度、知名度，而虚构假托的。因为生于唐朝的吕岩（即吕洞宾），不可能再生轮回到北宋年间。据记载，史上真有湖州东林沈东老其人，且乐善好施、喜酿酒好客、喜欢收藏书籍，也有榴皮题壁的之地、之人、之事，但是用榴皮题壁之人应该另有他人，只是假托吕洞宾之名而已。虚构杜撰的故事也好，真人真事也好，事实上因为借助了仙人吕洞宾的神奇，以及诗中表达的中心意境与文人心态的共鸣，一时在北宋文人间引为雅谈，苏轼、陈师道等文人墨客纷纷作诗和吕洞宾之诗。后来，竟因苏轼大文豪等人和诗的推波助澜，更进一步地使吕洞宾榴皮题壁的故事和诗词广泛流传开来，成就了一个流芳百世的千古佳话。

近千年来，没有人怀疑"回道人"榴皮题壁诗的作者是不是吕洞宾。清康熙年间，曹寅、彭定求等奉敕编纂《全唐诗》，其第858卷022首，就是这首写于北宋年间的榴皮题壁诗，诗名就叫《熙宁元年八月十九日过湖州东林沈山用石榴皮写绝句于壁自号回山人》，作者为吕岩（吕洞宾）。

2009年12月12日，圣昌的博客发表了一篇名为《吕洞宾石榴皮诗真迹》文章，文章记叙："笔者日前查询《东林镇志》，发现志内存有吕洞宾石榴皮诗真迹，此真迹乃清代书画家、诗人吴玉树发现。"其还在自己博客的另一篇文章里，发表了《东林镇志》内存真迹的照片。圣昌的博客所言"吕洞宾石榴皮诗真迹"的真伪有待专家考证，但是榴皮题壁的事实似乎无可争辩。宋朝以后，涌现了大量与榴皮题壁相关的诗词和文献，或和吕洞宾榴皮题壁诗，或传诵吕洞宾榴皮题壁故事，或效仿吕洞宾榴皮题壁，或记述榴皮题壁之事。

吕洞宾榴皮题壁的故事发生在东林，也就是今天的湖州市吴兴区东林镇，它的地理位置正在杭州与湖州之间。当时正巧苏轼上任杭州通判，苏轼听了此事，当即和了三首诗，诗的名字叫《西蜀和仲，闻而次其韵三首》。"西蜀和仲"，就是苏轼。三首和诗为："世俗何知贫是病，神仙可学道之余。但知白酒留佳客，不问黄公觅素

宋·佚名《吕洞宾渡海图》(团扇面)

书。""符离道士晨兴际，华岳先生尸解余。忽见黄庭丹篆句，犹传青纸小朱书。""凄凉雨露三年后，仿佛尘埃数字余。至用榴皮缘底事，中书君岂不中书。"宋朝王真人有一诗，诗名直接就叫《榴皮题壁》，其诗曰："东老回仙跨鹤归，同庵卜筑继有馀。自缘不睹榴皮字，想像只园蔓草书。"宋朝孙子光的一诗，诗也叫《榴皮题壁》，其诗曰："天地之间犹有碍，江山酌酒尚无馀。长裘短褐经行处，惟见龙蛇壁上书。"元朝杨维桢《玄霜台为吕希颜赋》："道人醉写榴皮字，仙客饥分宝屑粮。"明朝高启《赠丘老师》："时上高楼惟独醉，榴皮书破壁尘香。"明朝凌云翰《苏武慢》："游戏处、柳树为徒，榴皮作字，聊说行藏如左。"清朝钱谦益《牧斋初学集》："桃实偷尝已再过，榴皮书字半消磨。"等等。可以说，近千年来，有关榴皮题壁的诗词文献可以用洋洋大观来形容了，甚至可以编撰一本专题文集了，这应该是吕洞宾、苏轼等人没有想到的吧。

其实，现在看来，吕洞宾榴皮题壁诗，犹如如今网络论坛一楼楼主的主题帖子，苏轼的三首和诗，占据了二楼、三楼、四楼的有利位置，传奇仙人吕洞宾的潇洒豪迈，大诗人苏轼的激情捧场，品行高贵的东林东老以及域外来客石榴书就的神奇，触动了文人墨客心底那最纯美的情节，所以他们心底的共鸣悠远而不绝，以至于四楼以下的跟帖，已近千年而不衰，成就了中国古代诗词文化中一道独特的景观。

《金瓶梅词话》中的石榴文化

　　《金瓶梅词话》一书，写到各种花木果品不下三十种。不但有江南的龙眼、荔枝、香榧、杨梅、白鸡头等，还有北方常见的桃、李、杏、梨、栗子、苹果、石榴、葡萄等。其中仅石榴一项就有二十多种。既有对石榴树、石榴花、石榴果的描述，还有大量的与石榴相关的诗句、散曲、小令等，可谓林林总总，绚丽夺目，为文章增色不少。这些描述总的来说，又可以归纳为三类：一是以石榴树、石榴花（包括有石榴盆景）为主的场景描写；二是以石榴果为主要食用果品或馈赠礼品（包括祭祀供品）的描写；三是以石榴（包括石榴树、石榴花、石榴果）为主要内容的诗词、散曲、小令等等。具有浓郁的石榴文化底蕴，是《金瓶梅词话》严谨而华美的艺术特色的重要组成部分。

石榴开遍透帘明

　　作为洋洋洒洒近百万字鸿篇巨制的《金瓶梅词话》，主要描写西门庆及其妻妾荒淫无耻、醉生梦死的人生经历，其主要生活场所的西门府第，无疑对这些习俗影响有诸多反映，而单就对西门府第中有关石榴树的描述就有七处之多。西门府第拥有房屋百间，庭院数顷，仅一处花园就占地十亩，可谓豪华至极。这大花园建在小山边，"那山子前面牡丹畦、芍药圃、海棠轩、蔷薇架、木香棚、玫瑰树，端的有四时不谢之花，八节长春之景。"如第十九回说道，西门庆在家中盖起花园卷棚，约有半年光景，装修油漆完备，前后焕然一新。吴月娘约同李娇儿、孟玉楼、孙雪娥、大姐、潘金莲众人，开了花园门，闲中游赏玩看，里面花木庭台一望无际，端的好一座花园。但见：

　　"正面五丈高，周围二十板；当先一座门楼，四下几多台榭。假山真水，翠竹苍松。高而不尖谓之台，巍而不竣谓之榭。……曲水方池，映阶蕉棕，向日葵榴。游鱼藻内惊

龙凤呈祥 （庄隆玉摄影）

人，粉蝶花间对舞，正是：芍药展开菩萨面，荔枝擎出鬼王头。"

有了这仙境般的花园，西门庆及其妻妾们尽可以放开胆的享受人间的奢华。如第二十九回："西门庆手拿芭蕉扇儿，信步闲游，来花园大卷棚内聚景堂内。周围放下帘栊，四下花掩映。正值日当午时分，只闻绿阴深处一派蝉声，忽然风送花香，袭人扑鼻。有诗为证：

> 绿树荫浓夏日长，楼台倒影入池塘。
>
> 水晶帘动微风起，一架蔷薇满院香。
>
> 别院深沉夏草青，古榴开遍透帘明。
>
> 槐阴满地日卓午，时听新蝉噪一声。

石榴不但是西门庆园中的主要树种，亦是作者的主要歌咏对象，其寓意是十分明确的。

第二十七回写到西门庆与孟玉楼、潘金莲、李瓶儿在一起饮酒作耍："正饮酒中间，忽见云生东南，雾障西北，雷声隐隐，一阵大雨来，轩前花草皆湿。正是：'江河淮海添新水，翠竹红榴洗濯清。'"

由此让我们看到江淮一带，到处是被大雨洗濯过的翠竹红榴，一片火红的石榴世界。

西门庆的府第不仅花园内栽石榴，就是整个偌大的庭院内业无处不是榴花娇艳，榴香扑鼻。如第二十七回写到潘金莲恃宠生娇，颠寒作热：那日潘金莲正和众姐妹在一起弹唱作耍，忽见西门庆走来，有心要和西门庆单独作耍，于是双双走开。潘金莲"一壁弹着，见太湖石畔石榴花经雨盛开，戏折一支，簪于云鬓之傍。"又是一曲雨后榴花分外娇。不但是石榴树在西门庆府第随处可见，而且石榴花亦唾手可得。

又如第八十二回："金莲起来的早，在月娘房内坐着说了半日话，出来走在大厅院子墙根下，急了溺尿……经济在东厢房住，才起来，忽听见有人在墙根石榴花树下溺的涮涮响。"

石榴树作为吉祥树，在广大的中原地区已是广泛栽植，不仅西门庆府第中随处可见，而且在同为一方大员的周守备府中亦同样多多。周守备府第中同样辟有偌大的"书院花亭"，想来比西门庆的花园也不会逊色多少，不仅拥有众多的石榴树，而且还有精巧的石榴盆景。"一日，守备领了人马出巡，正值五月端午佳节，春梅在西书院花亭置了一桌酒席，和孙二娘、陈经济吃黄酒，解粽欢娱。丫环侍妾，都两边侍奉。当怎见的蕤宾好景？但见：

"盆栽绿柳，瓶插红榴。水晶帘卷虾须，云母屏开孔雀。菖蒲窈玉，佳人笑捧紫霞觞；角黍堆金，侍妾高擎碧玉盏。食烹异品，果献时新。灵符艾虎簪头，五色绒绳系臂。家家庆赏午节，处处欢饮香醪。遨游身外醉乾坤，消遣壶中闲日月。得多少环声碎金莲小，纨扇轻摇玉笋柔。"

富豪之家如此，寻常百姓家也大多广栽石榴或石榴盆景。如孟玉楼前夫杨宗保家即有石榴盆景等摆设。如第七回写到孟玉楼死了丈夫，欲改嫁西门庆，由薛嫂做媒，西门庆前去孟玉楼家，亲见"里面仪门紫墙，竹抢篱影壁，院内摆设榴树盆景……"

榴开百籽——被世俗化了的吉祥果

从古到今，人们始终认为石榴是一种吉祥之物，被广泛栽植，其中很重要的一个原因是因为它有多子之兆。正如明代诗人张新在《榴花》诗中所言："日向午临疑喷火，雨从晨洗欲流脂。酡颜剩照双眸醉，珠腹还成百子奇。"又如邓云乡先生在《老北京的四合院》一文中写到："清代有两句形容小京官家庭生活的话道：'天棚、鱼缸、石榴树，老爷、肥狗、胖丫头。'"这石榴树和鱼缸，都是和四合院绿化有关系的。新婚夫妻喜欢把石榴树种植临近卧室的窗外，而且喜欢把二株植在一起，称为夫妻树，又叫合欢树，以取"玉种兰田，永结连理"之意；老年人则喜欢把石榴树植在院门和堂屋的两侧，各植一株，以"儿女双全，祥洽五世。"

石榴之所以被赋予"多子"的文化含义，正如李万鹏先生所言："首先是石榴房中籽粒多而晶莹圆润，于形体上极具有作为喻体的意义。榴大如杯，亦色居多，皮中如蜂巢，子形如人本齿，淡红色，亦有洁白如雪者。成熟自然裂绽，如开口笑，露出千房同膜，千子如一的籽粒来，显得喜性。用它来做多子的喻体，既确切又美观，容易让人接受。其次是石榴的果实如罂，近似妇女生殖器官的子宫，自然便会使人产生性和生育的联想。金罂是石榴的名称，谐音寓意。榴可谐音留，榴子可谐音留子，留住子女，长命百岁，是做父母的最大期盼。"

《金瓶梅词话》的社会当是对石榴文化崇拜至极的社会。可以想见，在那样"繁富无穷尽，脂粉遍地流"的西门府第中，对石榴文化的崇拜亦是最寻常的习俗。在西门府第中不但广栽石榴，而且食用、祭祀、馈赠一应事务等，亦无不与石榴有关。如第四十二回写道："不想家中月娘使棋童儿排军抬送四个攒盒，多是美口糖食，细巧果品。也有黄烘烘金橙，红馥馥石榴，甜溜溜橄榄，青翠翠苹婆，香喷喷水梨；又有纯蜜盖柿，透糖大枣……"又如第七十八回："月娘又往里间房内，拿出数样配酒的果菜来，都是冬笋、银鱼、黄鼠、海蜇、天花菜、苹婆、螳螂、鲜柑、石榴、风菱、雪梨之类。"无不反映出吴月娘对"红馥馥石榴"的喜爱，并寄予寓了她对"珠腹还成百子奇"的向往。

第四十回写到吴月娘承欢求子息的事，"王姑子因问月娘：'您老人家怎得就没见点喜事儿？'月娘道：'又说喜事哩！前日八月里，因买了对过乔大户的房子，平白俺每都过去看，上他那楼梯，一脚跶滑了，把个六七个月身扭掉了。至今再谁什么孩子来？'……王姑子道：'你老人家养出来个儿来，强如别人。你看她前边六娘，进门多少时儿，倒生了个哥儿，何等的好！'月娘道：'他各人的儿女，随天罢了。'……王姑子道：'用着头生孩子的衣服，拿酒洗了，烧成灰儿，伴着符药，拣壬子日，人不知鬼不觉，空

石榴盆景《危崖竞秀》（张忠涛创作）　|←|

石榴挂盘　（梁福锦供图）　|→|

心用黄酒吃了，算定日子不错，至一个月，就坐胎气，好不准。'于是，那日晚间，皓月当空，月娘摆下香案，摆上供品，计石榴两个，苹果一双，蒸酥二碟，纸箔数枚。焚香已毕，双手合拍，对天长叹道：'如吴氏明日壬子日，服了薛姑子药，便得种子，承继西门香火，不使我做无忌的鬼，感谢皇天不尽也！'"此诚可嘉，亦可叹。

第七十三回又写到："这玉箫向金莲说道：'娘你等等，我取些果子儿，捎与吃去。'于是走到床房内，袖出两个柑子，两个苹婆，一包蜜栈，三个石榴与妇人，妇接的袖了，一直走到她前边。妇人把那一个柑子平劈两半，又拿了苹婆、石榴，递与春梅，说道：'这个你吃，把那个留于姥姥吃。'"

潘金莲的母亲潘姥姥本是位仁慈善良的老人，可潘金莲并不喜欢她，在西门府第中稍不顺心，除向别人较劲外，也向潘姥姥发泄心中的不快，有几次竟然弄得潘姥姥哭着要回老家去。对于李瓶儿之死，潘金莲幸灾乐祸，可潘姥姥却是充满了同情。如第七十八回写到："却说潘姥姥到那边屋里，如意、迎春让她热炕上坐着。先是姥姥看见明间内灵前，供摆着许多狮仙五老定胜，树果柑子，石榴苹婆，雪梨鲜果，蒸酥点心，馓子麻花，满炉焚着末子香醋，点着长明灯，桌子上拴着销金桌帏，旁边挂着他影，穿大红遍地金袍儿，金裙绣袄，珠子挑牌，向前道了个问讯，说道：'姐姐好好升天去了。'"作为祭品，石榴亦能寄托人们对于死者的祝福，但愿李瓶儿今生子夭母丧，来生仍能早生贵子。

声声犹唱花石榴

《金瓶梅词话》不仅语言生动，辞采华丽，而且多以诗词中、小曲浅吟低唱，其诗情画意引人入胜。

清唱，这是《金瓶梅词话》作者最喜欢描写的一个题目。全书一百回，而讲到清唱的就有一百余处。作者于此不独常录曲文，而且涉及唱法与所用的乐器。而在这一百余条的清唱中，其旁见他书或作者可考的曲子有七十六条。除此之外，尚有十二支曲子是不假歌者之口而为作者所采用的。它们多见于《雍熙乐府》者凡六十条，见于《词林摘艳》者凡四十六条。这种现象很可以证明《金瓶梅词话》与这两部曲选纵非同时的作品，其年代当相去不远。因为三书的作者或编者所采用的，当然都是那时候最流行的曲子。《金瓶梅词话·跋》称此书是"世庙是一钜公寓言"，此说大约是可信的。

而在《金瓶梅词话》中的一百余首词曲、小令中，涉及石榴内容的有十多首，或可分为诗文、散曲、小令等。如第七十三回："行者拿茶吃了，预备文房四宝。五戒道：'将那荷根为题。'明悟道：'便将莲花为题。'五戒探起笔来，写诗四句：

　　一枝菡争瓣儿张，相伴蜀葵花正芳。

　　红榴似火开如锦，不如翠盖芰荷香。

是以似火榴花反衬出娇艳红莲的可爱。五戒禅师试图将淫垢红莲的罪孽巧妙的隐去，但其结果欲盖谜彰，五戒不得不因自惭而自行坐化了。

第七十回："西门庆忽把眼看见郑爱月儿房中，床头侧首锦屏上，挂着一轴《爱月美人图》题首一首：

> 有美人兮迥出群，轻风斜拂石榴裙。
>
> 花开金谷春三月，月转花阴夜十分。
>
> 玉雪精神联仲琰，琼林才貌过文君。
>
> 情少年思应须慕，莫使无心托白云。

由此透出郑爱月身着榴花一样的红色衣裙，轻风斜拂，流光溢彩，这正是美人们最喜欢的最常见的服饰。

第一百回："葛翠屏心还坦然，这韩爱姐一心只想念男儿陈经济大官人，凡事无情无绪，睹物伤悲。口是心苗，形吟咏者，有诗数为证。"葛翠屏和韩爱姐各作诗三首，其中翠屏一首诗曰：

> 斜红绵掩镜照窗纱，画就双八字蛾。
>
> 莲步轻移何处去，阶前笑折石榴花。

由此看出《金瓶梅词话》中石榴随处可见。

在全书中，与石榴有涉的曲牌一首，无歌词，即第二十一回："当下春梅、迎春、玉箫、兰香，一般儿四个家乐，琵琶、筝、弦子、月琴，一面弹唱起来。唱了一套《南石榴花》'佳期重会'云云。"想来当是与石榴有关的诗酬唱和之作。可惜未得见其全词，诚为憾事。

与石榴有涉的散曲四首。如第三十三回："陈经济对潘金莲道，我唱了慢慢吃。我唱果子花儿，名《山坡羊》你听：

'……我听见金雀儿花眼前高哨，撒的我鹅毛菊在斑竹帘儿下乔叫。多亏了二位灵鹊儿报喜，我说是说来，不想是望江南儿来到，我在水红花儿下梳妆未了。狗奶子花迎着门子去咬。我暗使着迎春花儿绕到处寻你，守搭伏蔷薇花口吐丁香，把我玉簪来叫。红娘子花儿慢慢把你接进房中来呵，同在碧桃花下斗回百草。得了手我把金盏儿花丢了，曾子转枝莲下缠勾你几遭。叫了你声娇滴滴石榴花儿，你试被九花丫头传与十姊妹；甚么张致？可不交人家笑话死了。'"

第五十二回写到应伯爵、谢希大等人在西门庆家吃酒后，应伯爵命李铭弹筝唱了一套《花药栏》，其中一首《赛鸿秋》：

"俺想别时正逢春，海棠花初缀蕊，微分间现。不觉的榴花喷，红莲放，沉冰果，避暑摇纨扇。霎时间菊花黄金风动，败叶飘梧桐变。逡巡见睹梅开，冰花坠，暖阁内把醪旋。四季景偏多，思想心中恋。不知俺那俏冤家，冷清清独个闷恹恹何处耽寂怨……"

第六十回写到西门庆与众伙计饮酒行令，西门庆道："你们行过，等我行罢"。韩道国道："头一句要天上飞禽，第二句要果名，第三句要骨牌名，第四句要一官名，俱要贯患遇点照席饮酒。"于是说道："……天上飞来一斑鸠，落在园中吃石榴，却被四红拿住了，将来献与一户侯……"

第六十一回写到申二姐取过筝来，排开雁柱，调定冰弦，顿开嗓音，唱了一套《折腰一枝花》，其中有一曲《东瓯令》：

"榴如火，簇巾红，有焰无烟烧碎我心。怀羞向前，欲侍要摘一朵，觞觞拈拈不敢戴，怕奴家花貌不似旧时容，伶伶丁丁，怎宜样簪。"

如此众多的散曲、小令、或吟咏石榴花的娇艳，"榴如火，簇巾红"，竟然能"有焰无烟烧碎我心"；或歌咏石榴果的甘甜，就连鸟儿（斑鸠）也飞来偷食，何况食色男女，怎么能不馋涎欲滴呢？可见，石榴文化在《金瓶梅词话》中无处不存在。

并非题外的话

《金瓶梅词话》中的石榴文化是那么的广博深邃，恰似一眼难以望穿的石榴世界。这样的景观，或许只有陕西的临潼和山东的峄城才会拥有吧？而各种信息又无不证明着全国乃至世界最大面积的古石榴生长地当数山东峄城，故而便有了山东峄城"冠世榴园"的美称。这是峄城人的骄傲，也是《金瓶梅词话》与石榴园文化的滥觞……

众所周知，石榴原产地西域安石国，是张骞使西域引来中国，故名安石榴。据有关学者考证，后来到了汉成帝时，祖籍承县（今峄城）的匡衡身居丞相显位，把石榴从皇家禁苑引来峄城，经过历朝历代的栽培、繁殖，到了明代万历年间已逐渐发展成为颇具规模的石榴园了。此说是否确切，即峄城石榴是否匡衡引种而来，目前仍似乎难以定论，但若说峄城石榴至明代已形成了颇具规模的石榴园，却是极有可能的，兹举三例以证之：

峄城西十多华里处有一座山名曰："石屋山"，"山麓有流泉为瀑布，夏月雨余，喷吐如雷，人坐其旁，即大暑，须臾冷侵肌发"。明万历年间，邑人兵部右侍郎贾三近在泉边筑有石屋，并于东石壁上刻有"石屋山泉"四个尺方大字，两侧刻有联语："雨余雪浪喷千尺，旱后春流济万家。"至今仍历历在目。早年在西石壁上还刻有贾三近之父贾梦龙的一首诗："云边茅屋水边楼，古道四来杜若洲。桃榴樱花三月酒，同乡风雨一鱼瓯"。据老人们讲，这是贾梦龙晚年乡居时所作。遗憾的是这首诗在"文革"时被毁坏殆尽。虽然如此，但由此可见早在明万历年间，这里已是"桃榴樱花"绚丽多彩的美丽世界了。

而与贾梦龙同时代的另一位乡贤郿州知州潘埙在其《九日后再游青檀山》中诗曰："重阳游已无余兴，今日登临游更欢。……春暖榴园风景别，莫忘载酒此盘桓。"则更是在为"春暖榴园风景别"的绚丽美景而纵情高歌了。那时的石榴园即是今日的冠世榴园，大概是毫无疑义的。

再联系到《金瓶梅词话》中"江河淮海添新水，翠竹红榴洗濯清"的诗句，以及大量的鲁南苏北方言和散曲、小令等，我们说《金瓶梅词话》中所描写的诸多石榴，不正是山东峄城"冠世榴园"中的石榴种种吗？这或可为我们探索《金瓶梅词话》的作者"兰陵笑笑生"提供有益的线索（作者：李其麈）。

宋·鲁宗贵《吉祥多子图》

—————— 中国石榴文化 ——————

中国民间石榴吉祥图案

　　吉祥，按照字面的解释，就是"吉利"与"祥和"，其意为预示好运之征兆。所谓"吉者，福善之事；祥者，嘉庆之征"。趋吉避害，人皆有此心。而吉祥图案、吉祥符号、吉祥物就是人类创造出来的借以传达心声的载体。吉祥图案源于商周，始于秦汉，发育于唐宋，成熟于明清，经过历代画家、工艺美术家和民间艺人的描绘、提炼、雕琢、修饰和创造，至今种类繁多，形象生动，实用性强，为广大人民群众所喜爱。石榴虽是外来物种，但其多籽的特征，成为古人祈愿多子多福、世代繁衍的象征之一，更成为中国民间吉祥图案的重要组成部分。作为载体，广泛应用于绘画、剪纸、陶瓷、服饰、雕刻等传统和现代艺术之中。现在看来，这些图案中虽然存有一些封建迷信落后的思想，但寄托了古人善良的愿望和对幸福生活的憧憬，是中国民俗文化的基础。我们应从文化遗产和研究的角度，弘扬其精华，剔除其糟粕，辩证地传承和发展。

　　"榴开百子"。亦称"百子同室""石榴开笑口"。石榴一果多籽，民间借以喻"多子"。取其子孙繁衍、绵延不断之吉祥寓意。常见的"榴开百子"图，主要有两种：一种是切开的石榴果连着枝叶；另一种是群婴嬉戏石榴树旁或以石榴花果为周边装饰。"榴开百子"出自《北史》："安德王延宗纳赵郡李祖收女为妃，后帝幸李宅宴，而妃母宋氏荐二石榴于帝前，问诸人，莫知其意，帝投之。收曰：'石榴房中多子，王新婚，妃母欲子孙众多。"于是相沿流传，成为订婚下聘或迎娶送嫁时互赠石榴的风俗。

　　"福寿三多"。亦称"华封三祝""三多图"。"华封三祝"是一个成语，也是汉族传统吉祥图案。一种是由天竹、两种吉祥花卉或两只小鸟构图，另一种是用佛手（蝙蝠）、桃和石榴组合的"福寿三多"吉祥纹图，也含"三祝"之颂，以佛手（蝙蝠）寓"多福"，以桃寓"多寿"，以石榴寓"多子孙"，亦称"三多图"。典出《庄子·外篇·天地》。唐尧巡游到华地（今陕西华县），华地封守者祝颂他长寿、富有、多子。因此，石榴与桃、佛手并称中国古代的三大吉祥果，表达了人们对理想美好生活的追求。

"宜男多子"。亦称"宜子孙"。画面以萱草和石榴构成，寓意子孙满堂。萱草别名宜男花，是能预卜生男的异草，传说妇女佩带萱草能生男孩；石榴代表多子之意。所谓"宜子孙"，谓妇人宜于生育、子嗣不断。

"三多九如"。图案为蝙蝠（佛手）、桃、石榴及九个如意构成。蝙蝠（佛手）、桃、石榴表示"三多"；九个如意寓意"九如"。

"子孙万代"。以石榴、竹笋构成吉祥图案，寓意万代久长之意。明清时期较为流行。

也有图案为蔓、葫芦、石榴。蔓与"万"谐音，蔓带谐音"万代"；葫芦谐音"福禄"；石榴寓意"多子孙"。

"历元五福"。旧历以冬至为一岁之始，平朔为一月之始，夜半为一日始。平朔、冬至同在夜半之一日称"历元"，借指新年。通常以荔枝、桂圆或铜钱和五只蝙蝠构成；借荔枝寓"历"，借桂圆或铜钱和五只蝙蝠寓意"元"和"五福"。其"五福"者，亦有以寿桃寓"寿"，牡丹寓"富"，桂花寓"贵"，鹌鹑或鹿寓"安"或"乐"、石榴寓"多子"构成。

"天官赐福"。中国民间信仰天官赐福，人们敬奉天官，祈求天官赐福。图案一般是天官抱着如意，五个童子各捧吉祥物围绕在他身旁，或者天官抱着五个童子，童子手中分别捧着石榴、仙桃、佛手、梅花和吉庆花灯。寓意福星高照、吉祥富贵。

"流传百子"。图案为一开嘴石榴、子孙葫芦或葡萄。中国传统文化认为多子多孙便是福，石榴多子，葡萄多子，葫芦也多子，借以表示多子多孙之意。

"喜笑颜开"。石榴绽开露出晶莹剔透的果实，寓意"喜笑颜开"。

"四季如意"。画面以柿子、枇杷、葡萄、西瓜、石榴、荔枝、白藕等四季瓜果或梅、兰、竹、菊等四季花卉配合"如意"构成纹样。

"子孙封侯"。常见于剪纸吉祥图案中，石榴果上剪有猴子的图案。猴与"侯"同音，有"封侯"的象征。

"冠带流传"。石榴的"石"与"世"谐音，所以一些吉祥图案以石榴代表"世代"。

一幅画着石榴、冠、玉带、童子、小船的吉祥图，称为冠带流传。一幅画着石榴、官帽、肩带的吉祥图，用来祝颂家族中的官职世代相袭。

"四季花"。石榴花与兰花、蝴蝶花、海棠花合称"四季花"，寓意四季平安、幸福。

牡丹与石榴等组成的吉祥图案。常用于中国传统服饰图案。牡丹配石榴，寓意"富贵多子"；牡丹配石榴、佛手、桃子，寓意"富贵三多"；牡丹、蝴蝶、寿桃、石榴、佛手，寓意"捷报富贵三多"；牡丹、莲花、石榴、菊花，寓意"富贵连寿多子"；牡丹、蝴蝶、莲花、寿桃、石榴、佛手，寓意"捷报连富贵三多"；牡丹配如意，如意头上有古钱、折枝桃、石榴、蝴蝶、菊花，寓意"捷报富贵多寿多子如意"；牡丹配莲花、寿桃、佛手、石榴、蝴蝶、菊花，寓意"捷报富贵寿连三多"；牡丹配荷花、石榴、佛手、蝴蝶，寓意"报捷富贵和平多子多福"；牡丹配天竺、灵芝、水仙、寿桃、石榴、佛手，寓意"灵仙祝富贵三多"；牡丹、盘长、寿桃、石榴、佛手，寓意"富贵三多绵长"。

　　菊花与石榴等组成的吉祥图案。常用于中国传统服饰图案。菊花配兰花、三多，寓意"连寿三多"；菊花配莲花、石榴，寓意"连寿多子"；菊花配竹子、佛手、石榴、寿桃，寓意"三多祝寿"；菊花配荷花、石榴，寓意"和平寿多子"。

剪纸《吉祥平安》（冯雪创作，王庆军摄影）

中国剪纸艺术中的 "石榴"

石榴 "千房同膜、千子如一"，因此，中国人历来把石榴视为寓意多子的吉祥物，是多子多福的象征符号。这主要缘于石榴果内种子众多，便成了人们最理想的借喻，古往今来，他们一直把它作为生命繁衍的符号，因而广泛用于剪纸、刺绣、年画、陶瓷、木雕、砖雕等图案之中。其中，在剪纸艺术中应用最为广泛，影响也最为久远。

剪纸艺术为中国古人独创的民间传统艺术形式，其历史可追溯到汉魏时代。主要包括窗花、门笺、墙花、顶棚花、灯花、花样、喜花、春花等。牡丹、莲花、石榴等 "花草" 是常见的表现形式，后来扩大树、竹、云、石、鱼、虫、吉祥符号等纹饰，一并称之为 "花草"。这些 "花草" 都有着固定的形象定式和民俗寓意。石榴与桃、佛手是中国的三大吉祥果，在民间称 "三多"。"三多" 指多子、多寿、多福。石榴的 "石" 与 "世" 谐音，"榴" 与 "留" 谐音，所以在民间剪纸中石榴也有 "世代""留下" 之意。剪纸就是通过不同花草纹饰的组合来表达自己的思想感情，形成剪纸艺术最基本的语汇和特征。剪纸创作过程中，还经常与民谣结合起来。一些剪纸艺人出口成章，语言生动有韵律，感情朴实真挚，言简意赅，很难分得清是 "诗" 配 "画"，还是 "画" 配 "诗"，所以说剪纸就是无言的歌谣。

剪纸是中国最为流行的民间艺术之一，中国各地都能见到剪纸，其风格流派各异，著名的有安塞剪纸、蔚县剪纸、陇东剪纸、高密剪纸、山西民间剪纸、福建民间剪纸等。不同的剪纸受各自地域文化的影响，审美情趣和感情表达方式都不尽相同。北方的剪纸粗犷豪放、质朴夸张，南方的剪纸精雕细刻、玲珑剔透。但是，石榴却是南、北各地剪纸艺术中重要的不可或缺的中心意向或构成意向，并流传着许多关于石榴的剪纸歌谣。

陕北妇女的剪纸主要服务于礼俗活动，其传统纹样离不开鱼、鸡、瓜、花、走兽的主题。主题纹样主要有鱼莲纹、鸡兔纹、石榴牡丹纹、葫芦扣碗纹、娃娃纹等。这些纹样除了表示吉祥如意外，绝大部分与生殖崇拜有关。"金鸡采石榴""金鸡采莲花""鸭子采白菜"的题材较为常见，暗喻性爱活动。结婚时贴在洞房里的喜花"坐帐花"，画面上有牡丹花、龙、凤、石榴、桃子、贯钱和小人等。其意思是"仙桃带莲花，两口子结缘发；脚踩莲花手提笙，左男右女双新人；石榴赛牡丹，赛下一铺摊；身下设下聚宝盆，新娘一定生贵人；白女子，黑小子，能针快马要好的"。迎新媳妇坐帐，就剪"石榴佛手"（九石榴，一佛手，守定娘再不走）。流传着"男枕石榴女枕莲，荣华富贵万万年"，"石榴坐牡丹，养下一河滩"，"生女子是巧的，石榴牡丹冒绞的"，"石榴抱牡丹，儿女生下一大滩"，"佛手寿桃两碗碗，石榴牡丹两碟碟"等众多关于石榴的剪纸歌谣。

在豫西剪纸中，吉祥符号与图案几乎无处不在，无人不用。鱼戏莲、鱼吮莲、药葫芦拉牡丹、扣碗、石榴莲、鸳鸯戏水、四角用蝴蝶……这些全是与男女性爱和祈求早生贵子相关的剪纸题材。"药葫芦拉牡丹，拉着你想老汉"，"石榴莲，连着你我结姻缘"。葫芦谐音福禄，又多子，石榴也是多子的象征，牡丹、莲花是吉祥和女性的象征，四周角花是蝴蝶，蝶恋花，这些都是性爱的象征。洛阳剪纸歌谣表达的更为直白："菊花石榴对着铰，菊花儿说咱能又巧，闺房规矩全知道。石榴铰得开着口，两种意思都有了。说俺好得娘想留，女大当嫁留不了。开口石榴有说事儿，多生子子是本道。莲花儿连，荷花儿合，配上一对儿鸳鸯鸟，白头偕老一辈子，相夫教子遵妇道。"

剪纸《抓髻娃娃》

剪纸《福娃》（冯雪创作，王庆军摄影）

黄河三角洲民间常见的剪纸石榴，主要有两种：一种是以花为主的绣花花样；一种是以石榴果为主的花样，它主要用于婚嫁的礼仪中。石榴果上剪有猴子的"子孙封猴"，猴与"侯"同音，是"封侯"的象征。同时猴喻男，桃喻女，石榴喻子，象征男女结合，子孙众多。石榴的吉祥寓意主要是祝愿人们多子多孙，象征生命的繁衍不息。

东北地区流行的"九个石榴一只手"为题的兜肚剪纸底样，缘自山东、河北。黑龙江流传的是："九个石榴一只手，阎王领不去，小鬼牵不走"，辽西流传的是："九个石榴一只手，守着爹妈不敢走"，辽东则是："九个石榴一只手，扯着爹妈活到九十九"。从这里不难看出民俗与民间艺术传播的广泛性和变异性，不仅在其程式化的形式上，也包括民俗中代代传承的诸多观念，如围绕着吉祥、富贵、旺盛、长寿、多子等方面所世代沿用的符号，像牡丹、石榴、荷花、寿桃、喜鹊、梅花、蝙蝠、蝴蝶、金鱼、鲤鱼、龙凤等动植物，或花篮、聚宝盆、暗八仙、剪五毒、宝葫芦、福禄寿等。类似寄托理想和愿望的题材，还有"鹿鹤同春""鱼跃龙门""榴开百子""麒麟送子""刘海戏蟾"等等。

各地还流传着不少其他石榴剪纸民谣，如"上炕的石榴下炕的桃""猪嘴掀石榴，享福在后头""喜蛛碰石榴，富贵不断头""石榴结子，保生贵子""石榴坐莲盆，金童玉女进了门"等，不一而足，无不寄托着劳动人们朴素的愿望，期冀家庭人丁兴旺、子孙满堂、家业发达、幸福美满。剪纸中的"金玉满堂""榴开百子""麒麟送子""五子夺魁""鲤鱼穿莲"等，比比皆是，反映着中华民族的传统价值观念和心态，表达着人们对生命的追求、对生活的信念和对国富民康的企盼，寄托着中华民族对真善美的追求和向往。

民间剪纸《猪拱石榴》（李海洋供图）

剪纸《多福多寿》（冯雪创作，孙明春摄影）

石榴树全身都是宝
——石榴的功能成分与药用保健价值

越来越多的国内外研究证实，石榴果实不仅营养丰富，富含糖类、有机酸、蛋白质、脂肪、多种矿物质以及维生素等，而且石榴的叶、花、果皮、隔膜、胎座、外种皮、种子、茎皮、根皮等部位都含有大量的功能成分。有证据表明，这些功能成分对人体生理代谢过程有调节作用或者对机体正常生理机能有维持作用。所以，石榴的药用、保健价值引起了国内外的广泛关注，从最初的少数研究团体，到今天不同研究领域、不同研究背景的学者，都为石榴对各种疾病的强大功效所吸引。国内外都把石榴称为功能型的杰出水果，誉为"21世纪的天然药物"。

石榴树全身都是宝。石榴叶，主要含有没食子酸、鞣花酸等酚酸类物质。石榴花，主要含有酚酸、三萜、黄酮和花青素类。石榴果皮，功能成分较为丰富，目前已鉴定的有40多种，以鞣花单宁、酚酸、花青素、类黄酮最为丰富。石榴外种皮（肉质可食用部分），富含鞣花单宁、花青素、酚酸、黄烷酮、黄酮醇和维生素。石榴种子，主要有不饱和脂肪酸、甾醇（雌激素酮、睾丸激素、雌二醇、雌三醇）和维生素。石榴茎皮主要有鞣花单宁、多种哌啶生物碱等。石榴根皮主要含有鞣花单宁、多种哌啶生物碱等。

正是这些石榴树不同部位的多种功能成分，使石榴具有强大的生物活性，具有多种功能和药用价值。石榴的药用价值已经有几千年的历史，圣经和罗马神话故事中都曾提到其独特疗效，最早有文字记载的可追溯到大约公元前1550年，在中国也广泛应用到中医、维医、藏医等民族医药。到了现代，越来越多的研究为石榴在传统医学中的应用功效得以科学验证，大大拓展了石榴在药用保健方面的应用范围。

抗氧化、抗衰老是石榴最重要的生物活性，也是脂质调控、抗炎、抗肿瘤、抗糖尿病等功效的基础。石榴是抗氧化剂极佳的膳食来源。研究表明，在石榴汁、巴西莓汁、黑莓汁、蓝莓汁、蔓越橘汁、葡萄汁、橘子汁、红酒、冰茶等饮料中，石榴汁的抗氧化性至少高出任何一种的20%。石榴的抗氧化剂总含量，是柠檬的11倍，苹果的39倍，西瓜的283倍。另外，石榴还具有抗菌、抗感染、抗癌、抗糖尿病、提高免疫力、促进心血管健康、抑制动脉硬化、改善口腔健康、改善皮肤健康、改善女性更年期症状、提高精子质量、促进伤口愈合、治疗腹泻、减肥等多种功效。

  石榴是最古老的果树之一，人们食用石榴已有几千年的历史，但对石榴果汁、果皮、种子等的功效研究却是一个相对新的领域。尽管有大量的临床前工作证实了石榴的治疗功效，然而，至今还没有进行完整的临床试验。探索石榴特殊功能成分的疗效、生物效应及作用的机制将是今后一个时期的研究重点和方向，尽快让"神奇的水果——石榴"更好地为人类健康、美丽服务。

石榴老人 （陈允沛摄影）

峄城人把石榴树"全身都当宝"

　　朋友，如果你有一棵、一百棵、一万棵、一百万棵、几百万棵石榴树，你会怎么利用这些石榴树，才会创造更多的经济效益和社会效益呢？告诉你，勤劳、精明的峄城人的做法是把石榴树"全身都当宝"。他们会怎样做呢？别着急，请听我给你说……

　　深冬，孕育万物。石榴树生命的孕育和繁衍，自然界靠的是果实开裂、种子撒播而孕育后代；但在生产上繁衍一般不靠种子，因为种子繁殖大都变异很差，而多用扦插、嫁接、分株、压条等无性繁殖的方式生产种苗，以延续母本的优良特性，其中最重要的环节是要有好的石榴品种。怎么才能培育出好品种呢？峄城人是这么做的。他们费劲千辛万苦建设了一个"石榴的王国"，专业术语叫"石榴种质资源圃"。其实，峄城人建这"王国"，有许多先天不足。论地理位置，峄城处在我国石榴适栽区域的最北端，不是最佳石榴适栽区域；论石榴栽培的历史，不如陕西和新疆悠久；论石榴种质资源的丰富，与河南、安徽产区相比也没有优势；论土壤、气候等自然立地条件，远不如四川和云南产区。但靠着峄城几代"务林人"的努力，靠着笨鸟先飞、勤能补拙的精神，硬是争取到中央财政资金的支持，建了一处国内最大的石榴种质资源圃。这几年，他们把国外的、国内的300多个石榴品种统统引到圃里，有甜的、有酸的、也有半口的，有硬籽的、有软籽的、也有半软籽的，有果用的、有观赏的、也有加工的，还有长不大的微型石榴，洋洋大观。这些品种，表现好的，就拿来"为我所用"，推广给老百姓；表现一般的，就作为特异种质保存，做科学研究用。据此，峄城人占领了中国石榴种苗科研最基础的"前沿阵地"。2016年，这个"王国"靠实力拿到了"国字号"金字招牌，被国家林业局批准为国内唯一的"石榴国家林木种质资源库"，收编到"国家林木种质资源信息平台"来管理。他们靠着这"王国"，与山东省林业科学研究院的联合攻关，培育出中国第一个、目前也是唯一一个国家级石榴良种'秋艳'。其综合性状优良，原本也有做"国审品种"的资格。它结的果实多，果皮薄、籽粒大、种仁稍软、汁液丰富、甜中稍带微酸、口感极佳，大人小孩老人都喜欢吃，这种石榴还有个优点就是不大裂果，所以受到了种石榴的、卖石榴的、买石榴的、吃石榴的和石榴加工者的普遍欢迎，成为中国北方石榴产区更新换代的首选品种。峄城有的老百姓给它起了另外一个名字叫"贡榴"，赞誉为进贡给皇帝吃的石榴，这些赞誉，实不为过。对于'秋艳'，拥有这"王国"的"务林人"也不满足，"没有最好，只有更好"，将眼光放远到国外、放远到未来的软籽石榴上，所以还一直在努力，假以时日，将推出比'秋艳'更好的石榴品种，他们甚至连名字也都起好了，叫'赛秋艳'，应该是不算遥远的事情。

春天，万物复苏。石榴树冒出许多许多嫩芽、幼叶，有很多根部萌发的、干枝上隐芽萌发的，大多有害无益，于是很多人都是早早抹掉了。但峄城人不是。此时，他们会变身"采茶人"，有的把这些淡红、浅绿的嫩芽、嫩叶采下带回家，自己炒制石榴茶，留下自家喝的和接待亲朋用的，其余的卖给游客和茶商；更多的"采茶人"是直接销售给石榴茶企业做原料。改革开放以来，有一百多位专门种植石榴的农民，随着市场经济的发展和石榴旅游市场的火热，悄悄地转变为多种身份，由"采茶人"变成炒制石榴茶的"制茶人"，有的甚至演变成买卖石榴茶的"专业茶商"了。他们把历史传承的制茶习俗演变为一个绝佳的赚钱门路。到现在，有十几家已经形成了一定规模的生产和效益，"山力叶""冠世御品""万亩石榴园""峄县"等商标颇有名气。峄城石榴茶在工艺上分为不发酵的绿茶、半发酵的乌龙茶和全发酵的红茶，在外形上有叶茶、碎茶、片茶、末茶和芽尖，还有的专门制成饼茶、砖茶、球形茶等等，琳琅满目，目不暇接。多年来，石榴茶以其神奇强大的保健功能，已经走入了千家万户，被誉为"中国一绝"。你如果到峄城来，我就会陪你一起在古老的石榴树下，一边品尝着清香的石榴茶，一边畅谈人生，是何等惬意。你期待吗？

初夏，石榴花开。如火如荼的榴花染红漫山遍野，石榴园处处都是"榴花开欲燃"的诗情画意。峄城人高瞻远瞩，不想独自欣赏这壮美景色，不愿辜负这一片大好河山。他们是这样做的。20世纪80年代初，他们就借助这片石榴资源，国内第一个开发建设了万亩榴园旅游区，不久就被纳入"山东省花之路旅游带"，1996年取得省级风景名胜区招牌和"中国石榴之乡"的牌匾，2001年拿到了上海大世界吉尼斯总部发出的世界最大石榴园的认定，称为"冠世榴园"，2007年成功跻身国家AAAA级风景名胜区行列，2015年又拿到了"古石榴国家森林公园"的名片，每年都吸引无数中外游人来此赏榴花、摘石榴，聆听"榴花仙子"讲述石榴的传奇。东西绵延十多千米的古榴园里，还穿插着青檀寺、岳飞养眼楼、万福园、一望亭、大光明寺、权妃墓、匡衡墓、三近书院等众多历史人文景观，犹如明珠般点缀其中。匡衡凿壁偷光、岳飞治疗眼疾、贾三近与《金瓶梅词话》、康熙皇帝逛榴园等传说、故事更给景区增添了无限魅力。随着景区的发展，不知不觉间，石榴园里冒出来了许多"榴园人家"饭庄、特色超市和民宿。农家饭庄必配的主食是峄城菜煎饼。在榴花尽燃或挂满"大红灯笼"的石榴树下，用风干的石榴枝条做薪材，以原汁原味的峄城煎饼、时令蔬菜、鸡蛋等为原料，在特制的鏊子上煎烤而成的菜煎饼，五色俱全，六味飘香。我想，它一定能满足你垂涎欲滴的食欲，顺便也带给你难得的视觉盛宴。如果有时间，你可以亲自动手试试，肯定是一次让你难忘的充满情趣的生活体验。特色超市经营的大多是石榴、石榴汁、石榴酒、石榴醋、石榴工艺品、微型石榴盆景等旅游纪念品，门前标配的是石榴鲜榨机，现剥籽、现榨汁，购买者图的就是一个新鲜，甜、酸、涩、香、爽俱全，沁人心脾，最受欢迎。石榴花开时节，来景区赏花的游客络绎不绝，形成了全年旅游的第一次高峰。其实，这榴花似火的"海洋"吸引的不光是赏花的游客，还"招蜂引蝶"，引来了一批来自全国各地的蜜蜂养殖户，年年追着花期来到这里放蜂，这是他们酿榴花蜜、制榴花粉的最好时机。峄城的榴农也张开臂膀欢迎这些"采花使者"的到来，因为花期放蜂能显著增加花粉传播，促进石榴受精坐果，对于他们双方来说，这是合作共赢的好事。当然，精明能干的峄城人更不会放过这赚钱的机会，有家企业靠着这天然的生态养蜂基地起家，"甜蜜"的养蜂事业越做越大，发展到目前拥有蜂蜜、蜂巢蜜、蜂王浆、蜂花粉、蜂蛹酒、蜂胶等六大系列七十多种产品，并通过HACCP食品安全管理体系认证、绿色食品认证和有机食品认证。当家人周长信获得国家专利五十多项，从一个普通的农民成长为一个地方知名企业家和国内闻名的养蜂专家，得到了温家宝、回良玉等党和国家领导人的亲切接见，并被授予"养蜂状元"的最高荣誉。

金秋，丹蕊结秀。红皮、白皮、青皮的石榴次第成熟，丰收的季节到了，峄城人这么做。此时，"冠世榴园"景区迎来全年旅游的第二次高峰。单果一斤左右重的'大红袍'和冰糖般甜蜜的'三白石榴'首先"亮相"，大多都排列整齐的，有些还笑裂了口，欢迎这些来自世界各地的游客，直到国庆长假结束，连同后来上市的、数量最多、品质亦佳的'大青皮'石榴，榴农大都不用出园子的大门，就基本让经纪人和游客买完了，榴农的腰包也鼓胀起来了。卖完自家的石榴，他们也不闲着，忙着贩卖"别人家"的石榴。因为，在中秋前之前，自家石榴还未成熟上市，国庆期间自家石榴基本销售一空，所以在中秋之前和国庆假期之后，峄城石榴市场出现了两个空白期。于是，他们就到四川、云南、安徽等石榴产区采购，拉到石榴园里批发零售，最多的时候，日均销售石榴鲜果200多吨。日复一日，年复一年，周而复始，就形成了远近闻名的石榴鲜果集散地。现在，峄城的当家人因势利导，在石榴园的黄金地段，规划了一处现代化的石榴综合批发市场，目前正在快马加鞭的建设当中。将来，只会有更多的石榴进入峄城，然后再从这里批发销售到全国各地，这样的"买全国、卖全国"和"一进一出"，只会让峄城人的腰包鼓得更高。他们还在自家的院里，利用现成的房间，因地制宜、随方就圆地建了几十个小型的石榴保鲜库，边贮藏、边销售、边配货，石榴鲜果一直能卖到春节前后。这样，大部分石榴鲜果靠着市场和旅游进入了鲜食市场，剩下果子个头小点的和酸石榴大都进

枣庄市石榴国家林木种质资源库一角　（李剑摄影）　'秋艳'石榴　（侯乐峰摄影）

"冠世榴园"一角　（张海平摄影）

入当地十多家石榴加工企业，用于加工石榴汁、石榴饮料、石榴酒、石榴醋、石榴食品等系列产品。最牛的一家石榴汁加工企业，利用世界先进的设备和技术，生产的"美果来"石榴汁不加任何色素和添加剂，通过了标准十分苛刻的美国犹太认证，产品出口到美国、意大利、法国、荷兰、新加坡等国家，曾经两次获得全国石榴产品展览会金奖，该企业还参与了国家石榴汁行业标准的研制。还有一家石榴酒加工企业，开发生产的全干、半干、全甜、半甜、冰酒等系列石榴酒，商标及包装图案融入了"冠世榴园""石榴

───────── 中国石榴文化 ─────────

王""榴花仙子""铁道游击队"等峄城文化元素，以"榴城庄园"商标向外推出，不用两年就占领了山东石榴酒市场的大部分份额。对于鲜食和加工剥皮、压榨剩下的石榴皮、种子，峄城人也不浪费，收集起来，晾晒干后，它们会成吨成吨的进入药材市场或者相关企业，从中，他们也会取得一定的经济收入。石榴园里一位普通的农家妇女，经过多年的创新摸索，用新鲜的石榴籽粒与小麦、大豆、花生等为原料，研制出独具特色的石榴煎饼。烘干的煎饼香脆、味美，可以贮藏很久，未烘干的煎饼香软，适宜即时鲜食，味更纯美，这两种产品都带有淡淡的石榴滋味，营养丰富，老少皆宜，备受好评。你应该记住它的商标——"榴花姑娘"，哪天你来到峄城，一定会想起品尝这国内外独一无二的石榴煎饼。

深秋，色彩斑斓。石榴树叶慢慢地变黄、飘落，整个榴园就变成金色的"海洋"。叶落归根，这些落叶慢慢融入土壤中，变成些许养分，但是这样的话，效益显现仍然漫长，收益也不高、也不直接。峄城人想要从金黄色的石榴叶子中获取更大的利益，怎么办？他们将这些落叶收集起来，销售给外地的制药企业，尽管只是落叶的一少部分，但也会给榴农增加一笔额外的收入。实际上，与药品企业的巨额利润相比，带来的收益还是微乎其微。对于这一点，峄城人也非常清楚，于是就运筹谋划"自己造药"。但是造药谈何容易，造药之前得先研制，并且要通过严格的临床试验，才能取得国家新药生产许可证书。这可是一个漫长的研发试验过程。2000年，峄城一家企业就与清华大学生命科学学院合作，开始进行石榴叶制药研究，他们共同研制的"石榴叶高低降脂胶囊"，成功入选国家"十二五"时期"新药创制"科技重大专项支持计划，并获国家发明专利。完成了I、II期临床试验，表明该药能够有效降低高血脂，对原发性血脂异常患者显示出良好疗效，现正在进行III期临床研究。相信在不久的将来，峄城人就会将这新药证书拿到手中，获得生产许可。到那时候，他们将会从这金黄色的石榴叶片中，挖掘出一个源源不绝的"大金矿"来。他们认为，这还不是最重要的，重要的是峄城石榴，还有峄城人为人类的生命健康又增添了一把活力。

入冬，万木凋零。经过一个生长季，石榴树上和根部发出的萌条，变得细长、柔软而韧性，多的像是石榴树的"头发"，杂乱无章。对这些大多有碍生长结果的萌条，峄城人是这样做的。他们利用冬春清闲的空，给石榴树"理理发、整整型"，梳理的"利利索索、漂漂亮亮"，让它们以崭新的容颜迎接又一个生长季。顺便，将碍事的"头发"剪下来，销售给需要的人，让自己的腰包再鼓一些，或者挖沟沙埋"藏起来"，留给自己来春扦插和嫁接，继续繁衍延续石榴的"生命"，用于自身扩大再生产，更重要的是变成更多的种苗，进入全国石榴种苗的"大市场"。在历史上，以至计划经济年代，峄城人还利用这些石榴"头发"细长、柔软而坚韧的特性，编制车筐、背筐等生产用具，粗点的做成锤棒、鼓棒等用品。这些年，经济越来越好，条编市场也越来越小，慢慢地需要条编和会做条编的人也越来越少了。其实，从文化遗产保护和开发特色旅游纪念品

晚秋醉怡人 （张海平摄影）

的角度，峄城从事文化和旅游的人也正在思考，怎么样才能不让这技艺从他们这一代人中慢慢遗失。

日复一日，年复一年。石榴树不知疲倦地给人类奉献了累累硕果，终于有一天，它们累了，变得老态龙钟、少气无力；忽然有一天，来了"世纪寒流"般极端恶劣天气，它们猝不及防，被冻坏了，满目疮痍；有的进行工程建设，它们无可奈何，要"一步三回头"地离开"老窝"了；更多的是来自全国各地更新品种淘汰下来的石榴大树，成车成车地进入峄城市场……面对这些替代下来的老石榴树，你会怎么办？告诉你，峄城人是这样做的。他们会在主干适宜的部位短截，然后连根带干栽在精心配好的土壤中，育桩养桩，经过一两年的"休养生息"，衰老的树桩就会"焕发青春"，变得生机勃勃，经蟠扎造型后，再精心抚育和精细雕琢几年，就变成一盆上好的石榴盆景。锯下的其他主干、主枝、侧枝，感觉有希望育成盆景的，不论多粗，再短截成几十厘米长的一段，扦插到砂质壤土中，精心呵护，大多能够萌芽生根，用不了几年也成了一盆盆盆景。其余没有利用价值的枝干，就加工成笔筒、笔架、艺术摆件、装饰挂件、茶垫等工艺品。在石榴园里如果你看到在路旁卖石榴的老汉，闲暇时手里拿着一截木头摆弄，不要有任何惊讶，这是他们在鼓捣石榴工艺品呢。再剩下的枝丫边材和下脚料，就做了薪材。这样下来，一棵衰老的石榴树，在峄城人灵巧的手里，激发出全部的能量，"凤凰涅槃"般重生，变身为几盆、十几盆、数十盆盆景和若干数量的工艺品，不仅没有丝毫的资源浪费，还会增值几倍、十几倍、甚至上百倍。正是这些"园艺工匠"的峄城人，托起了国内规模最大、水平最高的石榴盆景产业。峄城石榴盆景在花展、盆景展、农博会、林博会、园艺展上的每次"露面"，都会大放异彩，成为"超级网红"，吸粉无数，人气爆棚，"披金戴银"早已成惯例。张忠涛的三盆作品分别在2008年、2012年、2016年的中国盆景展览会上，连续获得金奖的最高奖励。要知道在四年一届、参展盆景上千盆、金奖总数控制在40个左右的全国盆景最专业的展览会上，即便获得一项优秀奖励也十分难得，名不见经传的他竟能实现"三连冠"壮举，就是放在中国盆景发展历史上也十分罕见，成就了中国盆景界的一段佳话。这不仅是对他盆景艺术造诣的最高评价，也是对峄城石榴盆景地位、水平的一种肯定。2017年，他编著的《追梦——张忠涛盆景艺术》由中国林业出版社出版发行，他想让更多的人分享他的经验与成功。在不久的将来，如果峄城出现一位、几位国家级盆景大师，应该说是水到渠成的事情，你也不要惊讶。

"美木艳树，谁望谁待。"这是古人眼里的石榴树。但是在峄城人眼里，石榴树不仅是一种美丽的观赏植物，也是一种经济价值很高的果树，更是一种寓意吉祥、沉淀厚重的文化植物。如何挖掘、整理、弘扬石榴文化，峄城人是这么做的。他们高屋建瓴，在国内，第一个做实石榴的文化"文章"。早在2007年就借助"石榴王国"项目的实施，创造性地规划、设计、建设了融石榴文化、科技、旅游功能为一体的石榴文化博览园和以弘扬石榴文化、传播石榴科技为主题的中国石榴博物馆，成为世界首家石榴主题公园，得到了国内外有关人士的高度评价。在这里，承办过第三届国际石榴暨地中海气候小水果学术研讨会，世界各地研究石榴的学者、专家、教授等120余人，其中就包括石榴故乡伊朗、土耳其的代表，共聚在这"石榴王国"，就世界石榴生产现状和展望进行过热烈地探讨交流，这也是国际园艺组织首次在中国召开的重要石榴学术会议。会议"空隙"，他们还种下一片象征国际友谊和世界石榴科研生产"蒸蒸日上"的石榴纪念林。在这里，举办过中国园艺学会石榴分会第一届会员代表大会、全国首届石榴生产与科研研讨会、全国第四届石榴生产与科研研讨会、中国石榴产业发展圆桌峰会、国家石榴产业科技创新联盟筹备大会等国内影响力较大的学术会议，更有配合这些学术会议举办的首届世界石榴大会、第二届世界石榴大会、石榴摄影大赛、石榴书画展、"石榴王"评选、石榴加工品展览等系列活动，完美诠释了科技和文化"搭台"、经济贸易"唱戏"的经典。这里，曾留下诺贝尔奖获得者、"伟哥"理论之父、美国科学院院士、中国科学院外籍院士穆拉德博士，中国工程院院士、山东农业大学教授束怀瑞先生，中国工程院院士、南京林业大学校长曹福亮教授等国内外顶尖专家指导、考察的足迹。在这里，这"石榴王国"已经成为中国农业科学院郑州果树研究所、南京林业大学、南京农业大学、山东省科学院、山东省林业科学研究院、山东省果树研究所等大学、科研机构的教学科研实习基地，也正是因为与这些国家、省级科研团队的联合攻关，在这片"石榴王国"的土地上，出版了国内第一部石榴百科全书《中国果树志·石榴卷》、第一部记述地方品种资源的《中国石榴地方品种图志》，诞生了国内第一个通过国家审定的石榴良种'秋艳'，承办了国际园艺组织在中国首次召开的石榴学术会议。在这里，这片美丽神奇的石榴园也成为现代文人墨客写生、笔会、摄影等绝佳的创作基地，石榴花开和石榴红了的季节，都会有许多学者、教授、作家、摄影家聚集在这里，找寻他们心中最美的故事；在这里，诞生了《石榴花开》《石榴红了》等影视剧，这里还是《乡村爱情》编剧、国家一级作家张继的家乡，这美丽的榴园成为他难以割舍的故乡情缘和源源不断的创作源泉……

面向未来，志存高远。现在，峄城人正积极思索着、探索着，如何让峄城石榴更好地参与美丽乡村建设，如何让峄城石榴生长地更顽强，少受甚至不受极端天气的危害，如何让峄城石榴产业更好地转型升级和提质增效，让峄城老百姓的腰包鼓得更高……告诉你，他们正在做什么。他们正在进行"冠世榴园、智慧小镇"旅游升级规划，有力地朝着AAAAA级景区迈进；正在开展以石榴产业为着力点的国家级、省级农业高新技术示范区建设，做好新旧动能转换和新六产的"大文章"；正在建设新的石榴盆景盆栽园和现代化的石榴综合批发市场，加速由"买全国、卖全国"到"买世界、卖世界"的转变……峄城的"务林人"更不闲着，"脱光膀子加油干"，他们正在研究怎么样才能使"石榴品种的王国"提档升级，怎么样才能使石榴更抗冻、不怕冻，怎么样才能加快选育'赛秋艳'品种的步子，怎么样栽培管理才能使石榴更优质高产；他们走进乡村、面向所有榴农的技术培训班"接二连三"地压茬进行，他们"进村入户"、面对每一位榴农的良种和技术帮扶活动永远是"进行时"；他们编著的《中国石榴文化》《有机石榴栽培技术》等科技书籍"排着队"等待出版……聪明勤劳的峄城人，正倾全力打造着他们石榴科技、旅游和文化的品牌，为他们石榴产业链条拉的更长、石榴花开的更艳、石榴果传的更远提供强大的、持久的、内在的推动力。所以，峄城人完全有理由相信，将来，把石榴树"全身当宝"的峄城人和"靠石榴吃饭"的峄城人也会越来越多，他们的"冠世榴园"这张名片也会越来越靓丽……

朋友，如果你有机会来峄城，我一定陪着你好好逛遍这"冠世榴园"，现场给你介绍的更详细。啊，你还想吃'秋艳'石榴，你还想喝石榴汁，你还想吃石榴煎饼，你还想……哈，好啊，随你便，管你够！好客的峄城人欢迎你！

峄城石榴盆景盆栽
——中国园林艺术的瑰宝

　　石榴花、果、叶、枝、干、根均可供观赏，不仅具有多方面的观赏特征，而且寓意多子多福、团圆美满等，是中国最受欢迎的文化植物、吉祥植物之一，因而石榴盆景盆栽深受社会各个阶层群众的喜爱，具有广泛的群众基础。在长期培育和发展中，石榴已成为扬派、海派、岭南派等传统盆景流派的主要树种。中国花卉协会发布的《2017年全国花卉产销形势分析报告》指出："调查数据显示，目前制作盆景的植物有60多种，排名前10的植物种类有：松类、柏树类、罗汉松、榆树、石榴……"，说明石榴已经成为中国盆景的主要树种，在花果类盆景中排在第一位。

　　石榴盆景艺术是中华民族优秀传统文化的重要组成部分，它的形成和发展无不与中华文明血肉相连，可与国画、书法、雕塑等传统艺术相媲美。它起源于汉，形成于唐，兴盛于明清，新中国成立后，特别是党的十一届三中全会后，达到空前繁荣。胡良民等《盆景制作》载："西汉就出现盆栽石榴"，彭春生等《盆景学》将此作为中国盆景起源的"西汉起源说"。西汉以后，石榴盆景制作技艺逐步成熟。其原因是石榴寿命长，萌芽力强，耐蟠扎，树干苍劲古朴，根多盘曲，枝虬叶细，花果艳美。明清时期，石榴盆景兴盛。清康熙帝对石榴盆景情有独钟，专门写有《康熙御制盆榴花》一诗。清嘉庆年间五溪苏灵著《盆玩偶录》，把盆景植物分成四大家、七贤、十八学士和花草四雅，石榴被列为"十八学士"之一。历史上，石榴是苏派、海派等树桩盆景流派的常用树种之一。时至今日，北京宋庆龄故居、上海植物园还珍藏着200年以上历史的石榴盆景遗存。

　　峄城区是著名的中国石榴之乡。2000多年前，汉丞相匡衡将石榴从皇家上林苑引到家乡承县（今峄城区）栽培，至明代逐渐成园，峄城成为山东石榴的发源地、集中产地、我国最古老的石榴产区之一。目前，石榴种植规模已达1.0万hm^2，年均总产量7

美木艳树（峄城区区委宣传部供图）

万t。国家发展改革委员会、国家林业局2009年批准建设的中国石榴种质资源圃已收集、保存国内外石榴品种、种质298个（份），其中观赏品种48个。全区每年出圃各种规格石榴苗木300余万株。峄城丰富的石榴资源为石榴盆景生产、创作和商品化、产业化发展奠定了充足的物质基础。

峄城石榴盆景起源何时尚无定论。明代兰陵笑笑生著《金瓶梅词话》中就有多处关于石榴盆景、盆栽的记叙。嘉庆年间，石榴盆景作为艺术品出现在县衙官府及绅士、富豪家中。峄城南郊曾出土刻有石榴盆景图案的清代墓石。自20世纪80年代始，峄城部分盆景爱好者，以生产淘汰下来石榴树为材料，开始创作石榴盆景。至20世纪90年代中后期，峄城石榴盆景盆栽研究、制作呈蓬勃发展态势，存有大、中、小、微型石榴盆景4万余盆，逐步形成商品化生产，成为我国现代石榴盆景盆栽产业之开端。发展到现在，已经成为国内生产规模最大、水平最高的石榴盆景产地与集散地。年产石榴盆景、盆栽约5万盆，在园盆景、盆栽总量超过30万盆，其中精品盆景近万盆。从事石榴盆景产业人员达3000余人，盆景盆栽大户300余户，有的盆景大户现存盆景、盆栽逾万盆。现有较大规模石榴盆景园四处：一是由峄城区政府规划、区林业局承建的峄城区石榴盆景园。位于206国道东、峄城汽车站北，占地20000m²，2000年建成，19户入园经营，融生产、展览、

中国石榴文化

销售及旅游景点为一体，是国内第一处石榴盆景专业园。二是峄城区生态园。位于峄城汽车站西，2002年榴园镇建成，入住石榴盆景、盆栽经营户16户，面积约20000m²。三是峄城南外环路两侧盆景园。其中，位于枣庄市农业高新技术示范园区东侧的石榴盆景园，占地72000m²，21户入园经营，主要是由原大沙河沿岸的经营户于2010年搬迁而来；位于榴园镇王庄村东侧的盆景园，占地32000m²，经营户7户。四是榴花路和榴园路两侧。是近几年新兴的石榴盆景、盆栽生产基地，目前约100户入住，由于地处冠世榴园旅游区的黄金地段，发展潜力大、前景好。

石榴盆景、盆栽产业是峄城区最早形成"买全国、卖全国"格局的石榴产业。买（石榴树桩资源），主要来自陕西、安徽、江苏、河南、山西等省，以及山东当地资源，其中来自陕西的树桩资源约占40%，河南约占30%，山东约占20%，安徽、江苏等其他省份共约占10%。卖（石榴盆景、盆栽），主要是三大市场，一是北京、天津为代表的北方市场，辐射至沧州、大连、沈阳等城市；二是杭州、常州为代表的南方市场，辐射至上海、宁波、福州、温州、湖州、泉州等城市；三是以烟台、青岛、济南为代表的山东市场。三大市场约占销售总量的90%。近年来，青海、兰州、西安、郑州、丽江等中西部城市销售份额也呈现稳定增长态势。每盆销售价格从数百元到数万元、甚至10多万元不等，全市年销售额近1.5亿元，其中：年销售收入百万元以上的有12余户，50万～100万元的有25余户，20万～50万元的有110户，在园盆景、盆栽总产值预计6亿元。消费对象主要是经济发达地区的单位和个人。

石榴盆景《老当益壮》获99昆明世博会金奖 （张孝军创作）

历经30余年的发展，就规模、水平而言，峄城石榴盆景盆栽已经超越了国内其他盆景流派，成为国内石榴盆景艺术最高水平的代表，先后在国际、国内园艺、花卉展览会上获得金、银等大奖300余项。1990年，在第十一届亚运会艺术节上，石榴盆景《苍龙探海》（杨大维创作）获二等奖。全国政协副主席程思远挥笔题下"峄城石榴盆景，春华秋实，风韵独特，宜大力发展"的题词。1997年，在第四届中国花卉博览会上，石榴盆景《枯木逢春》（杨大维创作）获金奖，这是峄城石榴盆景首获国家金奖。自此后，在中国花卉博览会、中国盆景展览会等专业展会上，峄城石榴盆景屡获金、银等大奖。1999年，在昆明世界园艺博览会上，石榴盆景获金奖1枚、银奖3枚、铜奖4枚。其中获金奖的作品《老当益壮》（张孝军创作），是整个世博会唯一获金奖的石榴盆景，也是山东代表团获金奖的唯一盆景作品。2008年萧元奎培育的《神州一号》《东岳鼎翠》《漫道雄关》等29盆石榴树桩盆景，被北京奥运组委会选中，安排在奥运主新闻中心陈列摆放、展示。同年，"峄城石榴盆景栽培技艺"被列入枣庄市非物质文化遗产保护名录，杨大维被枣庄市人民政府确定为代表性传承人。2009年，在第七届中国花卉博览会上，石榴盆景《凤还巢》（萧元奎创作）、《擎天》（张勇创作）均获金奖。2012年在第八届中国盆景展览会上，石榴盆景《汉唐风韵》（张忠涛创作）获金奖。2016年，在第九届中国盆景展览会上，石榴盆景《天宫榴韵》（张忠涛创作）获金奖。部分石榴盆景精品还走进了全国农展馆、北

石榴盆景《天宫榴韵》2016年第九届中国盆景展览会金奖 （张忠涛创作）

京颐和园、上海世博会等。这些都标志着峄城石榴盆景艺术、管理水平达到了国际国内领先水平。2013年，峄城区的"石榴盆景栽制技艺"被山东省列入非物质文化异常保护名录。

就艺术特色而言，峄城石榴盆景造型奇特，风格迥异，其花、果、叶、干、根俱美，欣赏价值极高。初春，榴叶嫩紫，婀娜多娇；入夏，繁花似锦，鲜红似火；仲秋，硕果满枝，光彩诱人；隆冬，铁干虬枝，苍劲古朴。其造型，结合石榴生态特性和开花结果的特点，既注意继承、传承，又不断实践、总结和创新，自然、流畅、苍劲、古朴，枝叶分布不拘一格。其艺术风格主要有因材取势、老干虬枝、粗犷豪放、古朴清秀、花繁果丰，具有浓郁的鲁南地方特色。造型方法主要是采取蟠扎、修剪、提根、抹芽、除萌、摘心等，主要是采取蟠扎和修剪相结合，多用金属丝蟠扎后作弯，经过抹芽、摘心和精心修剪逐步成型。

峄城石榴盆景盆栽产业是在党委、政府高度重视，有关部门倾力支持，在山东省盆景艺术大师杨大维等的带动下，历经30余年，实现由零星生产到形成商品化、由低水平到高水平的转变，同时也涌现出在国内盆景界有一定知名度，以萧元奎、张孝军、张忠涛等为代表的一大批盆景艺术工作者。萧元奎等13名石榴盆景艺术工作者获"山东省盆景艺术师"称号，钟文善等8名石榴盆景艺术工作者获"枣庄市十佳花艺大师"称号。林业、果树、园林、农业部门通过花卉协会、盆景协会、林学会、农学会等平台，积极组织参加国内外各级展览会，加强展览、展示、合作、交流和宣传，同时出台措施有效推进石榴盆景商品化进程，促进了石榴盆景艺人技艺水平和盆景盆栽产业水平的提高。林业、果树、石榴盆景艺术工作者编著、出版了《石榴盆景制作技艺》（王家福等编）、《石榴盆景造型艺术》（陈纪周等编）、《追梦——张忠涛盆景艺术》（张忠涛编著）等专著，发表相关论文、文章100余篇。舍利干制作、花果精细管理、老干扦插、老干接根等技术在生产中得到广泛推广、应用。峄城石榴盆景、盆栽，无论从制作手法上，还是养护技术上，始终保持着国内石榴盆景盆栽技术的最高水平，引领着中国石榴盆景产业的发展方向，成为我国园林艺术的瑰宝和山东省花卉盆景和文化产业发展中最靓丽的一张名片。

石榴茶·榴芽茶·健康之饮

在山东省枣庄市峄城区民间，自古就有用榴叶煎茶自饮和待客的习俗。

传说很久以前，峄县（现峄城区）的一些村庄爆发不明瘟疫，老百姓一旦得了这种病，肚子鼓胀，饭不能吃，茶不能进。人们想尽法子，就是不见效。后来菩萨化身两个外乡人，点化众人用漫山遍野的石榴叶芽做成石榴茶饮用，拯救了这方百姓。自此以后，当地老百姓就有了用榴叶、榴芽煎茶自饮待客的习俗。

《中国果树志·石榴卷》载："利用石榴叶制茶在我国有很久的历史。1000多年以前的农民发现，春夏季将石榴枝条采下在火上烘烤后摘下叶泡制石榴叶茶，具有清肺止渴、清淤化痰、解毒止泻等作用，形成了早期石榴茶制作，即便现在仍有不少农民延续这一方法。"《中国民俗·旅游丛书（山东卷）》载："石榴茶独具韵味。一入炎夏，男人下田劳动，妇女在家烧水，顺手折榴叶枝条，放在旺火中一烤，装进茶罐，冲入沸水，沏出来便是清香浓郁的新茶。平日饮用的石榴茶，于端午节前采榴叶，用文火炒至溢香就可收贮备用。近年，峄城区石榴果农，用从浙江学来的龙井茶工艺制成了榴叶香茶，被誉为"有百利而无一害"的茶叶新品种，一问世就受到了中外茶客的称赞。"枣庄学院张立华教授研究证实，石榴叶茶的抗氧化活性显著高于绿茶，榴叶茶的茶多酚含量也明显多于绿茶，并且茶多酚含量与抗氧化力有显著的相关性，证明石榴叶茶是一种具有抗衰老作用很强的保健茶，更是一种很有前途的茶多酚资源，具有很好的开发前景。

如今，峄城人不仅保留着榴叶制茶的习俗，并随着国家AAAA级"冠世榴园"景区的开发建设和市场经济的大潮，涌现出100多家以家庭为单位的榴叶茶厂，现炒现卖，成为热销的旅游纪念品之一，他们也由过去的农民身份悄悄完成茶农、茶商的转变。其中规模较大、工艺精良的石榴茶加工企业有10余家，年加工生产石榴茶5万kg以上，逐步形成了在色泽上以发酵茶、绿茶为主，在外形上有叶茶、碎茶、片茶、末茶、芽尖等不同品种10余种石榴叶茶，注册有"山力叶""冠世御品""万亩石榴园""峄县"等石榴茶叶商标。经国家有关部门检测，石榴茶含有丰富的生物碱、蛋白质、氨基酸、碳水化合物、有机酸、酶、维生素、矿物质等，具有明显的医疗保健作用，被誉为"中国一绝"。

近年来，山东枣庄峄州石榴产品开发有限公司利用自有茶源基地，坚持创新，与枣庄学院的石榴专家合作开发了石榴叶全发酵茶——石榴红茶，结束了枣庄没有石榴发酵茶的历史，与武夷山岩茶专家等合作，推出了红石榴乌龙茶、红石榴草本茶等新的石榴茶新品种。其中，红石榴乌龙茶属半发酵茶类，既保持了石榴叶中的有效成分，又具有岩韵（岩骨花香）品质特征，兼有石榴红茶和石榴绿茶的优点，且性温健胃，滋味醇厚，香气持久浓厚，对提高免疫力、抗衰老、防治心脑血管病、减肥和美容、清凉解毒、消减疲劳、解除酩酊、抑制病毒等具有一定的保健功效。红石榴草本茶是该公司与国内知名食品营养学专家精心研制的健康饮品，由红石榴岩茶、石榴红茶、菊花石榴籽、决明子、山楂、甜叶菊等原料科学配制而成，无任何添加剂，具有助消化，健胃怡神，益肝补阴，美容养颜，清热明目，促进代谢，降低血脂、血糖、血压，软化血管，增强心肌活力等保健功能。这几种石榴茶健康饮品，受到了社会各个消费者阶层的欢迎，成为"冠世榴园"的热销产品。

诗人王迩宾在《榴叶茶》中吟咏到："如今的榴茶/在榴园这只明媚的水杯里/正浓郁地舒展开放/为城乡经济/润喉保健"。是的，石榴茶作为一种新的时尚保健饮品，其功效正在被越来越多的人们所了解，其产品也被越来越多的人们饮用，为更健康的人生和更美好的生活"润喉、保健"。

采石榴茶 （刘广亮供图）

石榴茶生产线 （褚洪琦供图）

石榴汁·天浆·爱情之饮

石榴果实营养丰富。在国外，《古兰经》《圣经》《摩西五经》《犹太法典》中都有记载，将石榴称为"上帝的食物"；在中国，石榴被赞为"天下之奇树、九州之名果"，其汁液之美被誉为"天浆"。无论在国外，还是在国内，石榴都是只有天上的神仙才能品尝到的美味。古希腊和罗马神话中，石榴树是爱神与美神阿弗洛狄忒（维纳斯）的保护树，塞浦路斯岛种下的第一棵石榴树是阿弗洛狄忒亲手种植的，因此，在地中海国家，石榴汁被称为"爱情之饮"，是相恋相爱的人们最喜欢喝的饮料。

科学研究证明，在石榴中已发现的功能成分有60多种，主要有酚类、类黄酮、生物碱、维生素、三萜类、甾醇类及不饱和脂肪酸七大类，所以石榴在所有水果中的抗氧化活力是最高的，其抗氧化物质含量是柠檬的11倍、苹果的39倍、西瓜的283倍，石榴汁的抗氧化能力是葡萄酒和绿茶的3倍，被认为是保护人体心脏健康最有效的果汁。

进入21世纪以来，石榴和石榴汁正以一种"功能水果""超级食物"的形象，在美、英、日、韩、新加坡等国家成为最受追捧的时尚、健康水果，掀起新的"消费热潮"。之所以出现这种热潮，是因为最近一系列的科学研究表明，石榴具有广泛的营养和保健功能。

美国《国家地理》杂志报道，科学家发现，石榴有奇特的滋补功效，是抗击心脏病这一人类头号杀手的"勇敢战士"。研究表明，石榴汁中含有多种抗氧化剂。这些抗氧化剂里的化学成分多酚和其他天然化合物都有助于减少心血管壁脂肪堆积的形成，阻碍动脉粥样硬化，从根本上防御心脏病。

美国研究表明，坚持长期饮用石榴汁可以抑制前列腺癌。石榴富含非常有效的抗癌物质，对前列腺癌的效果尤其明显。石榴中含有的大量抗氧化物，可以对抗损害细胞，还可以对抗导致癌症和其他疾病的化学物质。事实上许多国家已经注意到这一点。伊朗将石榴汁纳入饮食生活中，患胃癌和肠癌的比例就比较低。

美国加州大学洛杉矶分校研究报告指出，石榴汁可治阳痿，功效更直逼"伟哥"。自愿参加研究的53名21至70岁男士各患不同程度阳痿，每天晚饭后饮用约300ml石榴汁，1个月后47%参加者表示问题有改善。专家说石榴汁与治阳痿药物均含丰富抗氧化物，可提高一氧化氮浓度，放松血管壁令性器官大量充血勃起，研究学者福雷医生确信石榴汁治阳痿有极大潜力。

石榴能够有效预防艾滋病。英国的研究者们做了一项实验，发现由石榴提取的石榴精能在几分钟内杀死数十亿病毒。研究者们认为：为了预防艾滋病，应该将石榴精抹在保险套上，他们正与制药公司携手开发，相信在几年内，含有石榴精的保险套就会出现在市面上。

石榴中含有较多的女性荷尔蒙，补充女性荷尔蒙可以增加女性魅力。所谓女性荷尔蒙，就是包括促进卵巢、子宫、阴道等女性生殖器官发育的卵泡荷尔蒙，以及掌握怀孕机能的黄体荷尔蒙两种，前者称为雌激素，后者叫做孕酮，均是增加女性魅力的必需之物。同时石榴中含有两大抗氧化成分：石榴多酚和花青素，还含有亚麻油酸，维生素C、B6、E和叶酸以及钙、镁、锌等矿物质，能迅速补充女性肌肤所失水份，令肤质更为明亮柔润，使她们展现女性之美，现代科学实验已充分证明了这一点。现代女性身处职场，每天过着忙碌的生活，各种身体、精神的压力，都会成为荷尔蒙平衡瓦解的原因。富含雌激素的石榴汁可以调理生理不顺等女性特有症状，希腊、印度和中国，在遥远的古代就用石榴治疗生理不顺，子宫出血或白带增多等女性特有症状，并将其功效载入史册。

利用石榴可以度过更年期障碍。石榴中所含有的雌激素是能够保持女性身体机能的荷尔蒙，但是随着年龄增长，卵巢机能衰退，分泌的雌激素量会减少，这是女性老化现象的第一步。随着雌激素分泌量减少，月经周期紊乱，引起更年期障碍。这种障碍症状虽有不同，但都会出现失眠、焦躁、头痛等症状。饮用石榴汁就是治疗更年期障碍的最佳选择，石榴汁中所含的雌激素有助于女性度过更年期。

贫血是女性比较容易出现的疾病，患病者身体倦怠，易感寒冷，有心悸或呼吸困难出现。经常饮用石榴汁，贫血症状可以减轻。另外，孕妇在怀孕初时，经常伴有孕吐现象，有些孕吐还比较严重，给孕妇带来痛苦。实践证明，孕妇早晚喝一杯石榴汁，能减轻孕期恶心呕吐。

英国《每日镜报》报道说，"如果你想要改善夫妻生活、保护心脏、在怀孕时保护你的宝宝、减少患皮肤病的危险，石榴汁可能就是答案。"《星期日泰晤士报》说，"石榴是最新发现的'灵丹妙药'，因为它富含维生素、叶酸。一杯石榴汁含有的抗氧化物质甚至比十杯绿茶所含的还多。"《观察家报》报道说，"最近的研究表明，动脉粥状硬化患者如果每天饮用50ml石榴汁，一年后病情就会明显改善。"石榴可以延缓衰老。以色列工程技术学院的研究人员发现，石榴中含有延缓衰老、预防动脉粥状硬化和减缓癌变的高水平抗氧化剂，对人体大有裨益。这项发现首次为石榴及其产品的抗氧化和抗癌功能提供了科学依据。

目前，在中国，随着全球、全国经济一体化步伐的加快和人们生活水平的不断提高，各地石榴主产区除石榴鲜果生产外，还相继研究开发了石榴饮料、榴叶茶、石榴酒、石榴籽提取物等石榴系列加工产品，涌现出四川西昌果果果业有限公司、山东穆拉德生物医药科技有限公司、云南中信红河产业开发有限公司、陕西西安丹诺尔石榴酒业有限公司、安徽省怀远县亚太石榴酒有限公司等数十家石榴深加工企业，生产的石榴汁饮料、浓缩石榴汁、石榴干红、石榴冰酒、石榴果醋等系列产品，深受国内市场欢迎，有些产品出口国外。中国石榴从业者，正以昂扬的姿态融入全球石榴市场的热潮之中。

天浆 （唐堂供图）

石榴汁生产线 （刘广亮供图）

石榴酒·榴花酒·浪漫之饮

　　美国作家威廉·杨格曾说过"一串葡萄是美丽、静止与纯洁的，但它只是水果而已；一旦压榨后，它就变成了一种动物，因为它变成酒以后，就有了动物的生命。"确实，葡萄酒饱含了鲜活的生命原汁和丰厚的历史内涵，以其迷人的色彩、神秘的情思、柔醇的韵味、健康的功效，而广受世界各地人民的喜爱，以致葡萄酒成为红酒的代名词。

　　石榴酒和葡萄酒一样同属红酒范畴，传说比葡萄酒的历史还悠久。据传，红酒的起源就是因为石榴。古时，国王将石榴贮存起来但却遗忘了，失宠的妃子欲寻短见，将发酵的石榴汁当毒药喝下。她不仅没有死去，还愈发美艳动人，因此再度受宠。自此，石榴红酒广泛流传。石榴红酒从诞生开始，就跟富贵、美人、身份、品位有着千丝万缕的联系。

　　石榴酒与葡萄酒相比，更具浪漫、神秘、柔淳的韵味和情调，其保健功能也更为强大。从石榴和葡萄在世界各地的传播、蔓延的视角来看，葡萄以更为广泛的适应性而成为大众水果，而石榴因受气候、环境的限制而成为小众水果、稀有水果。所以说历史以来，葡萄酒常有，石榴酒却不常见，就因为石榴和葡萄相比小众而稀少，石榴酒也更显弥足珍贵。

　　伊朗、土耳其、亚美尼亚、以色列等西亚、中亚的石榴原产地，用石榴汁液发酵酿酒几乎和石榴栽培的历史一样久远。公元前10世纪古以色列的所罗门王，就爱饮用石榴汁榨的香酒。《圣经》载："我必引导你，领你进我母亲的家。我可以领受教训，也就使你喝石榴汁酿的香酒。"以致现在，这些国家，也是目前世界上著名的高端、高品质石榴酒的产地。

　　用石榴果实的汁液酿制石榴酒，在中国可能起源于南北朝或者更早时期，兴盛于唐宋。南朝庾信《春赋》曰："移戚里而家富，入新丰而酒美。石榴聊泛，蒲桃酿醁。"此处的石榴和蒲桃，是指当时已会用石榴和蒲桃酿酒。梁元帝萧绎《古意诗》："妾在成都县，原作高唐云，樽中石榴酒，机上蒲萄纹，停梭还敛色，何时劝使君。"这里，石榴酒是皇家贵族、上层社会热衷的名酒。梁元帝在他的《咏石榴》诗中，也有直接描述石榴酒的"西域移根至，南方酿酒来"的名句。此时，还出现了用胡椒、石榴汁等配制药酒。北魏《齐民要术》记载中的一例"胡椒酒"，该法把干姜、胡椒末及安石榴汁置入酒中后，"火暖取温"。尽管这还不是制药酒，当做为一种方法在民间流传，故也可能用于药酒的配制。热浸法确实成为后来药酒配制的主要方法。至唐宋时，果酒的酿酒技术更为先进，出现了葡萄酒、石榴酒、椰子酒、黄柑酒、橘酒、枣酒、梨酒、蜜酒等品种。唐乔知之《倡女行》："石榴酒，葡萄浆，兰桂芳，茱萸香。"在这里，美女与石榴、葡萄、桂花、茱萸等植物元素一起，成为唐人眼里最流光溢彩的浪漫。宋苏轼《石榴》："色作裙腰染，名随酒盏狂。"宋窦苹《酒谱》也有石榴取汁停盆中，数日成美酒的记载。

与石榴果酒相比，其实更具古人智慧和浪漫情怀的是榴花酒，这应该是中国古人独创。

以花制酒，是我们先人的习俗。用榴花造酒，同石榴果酒一样起源于南北朝或更早时期。梁元帝萧绎《刘生》诗曰："榴花聊夜饮，竹叶解朝醒。"竹叶，酒名；榴花，亦是酒名，即石榴花制作的酒。北周王褒《长安有狭斜行》诗："涂歌杨柳曲，巷饮榴花樽。"可见，无论是南方抑或北方，此酒对于上至帝王、下及里巷的百姓，都已经有了较高的知名度。由姚察、姚思廉父子两人合撰的《梁书》，是一本记述南朝萧梁一代历史的

石榴酒 （高明绍供图）

姹紫嫣红 （邵磊摄影）

纪传体史书。该书卷54载："顿逊国有酒树，如安石榴，取花汁贮杯中，数日成酒。"唐宋以来，榴花酒遂成为受欢迎的重要花酒之一。唐李峤《甘露殿侍宴应制》："御筵陈桂醑，天酒酌榴花。"宋王安石《寄李士宁先生》："渴想如箭去年华，陶情满满倾榴花。"宋梅尧臣《次韵和表臣惠符离去岁重酝酒时与杜挺之李宣叔王平甫饮于阻水仍有》："赠以榴花酒，沉清贵隔年。"宋王之道《春雪和袁望回三首》："力胜榴花酒，功高雀舌茶。"明阮大铖《燕子笺·扈奔》："以时踢榴花天酒，和歌高饮。"

　　琼岛居民很早就会用安石榴花酿酒（即椒酒）。宋李昉《太平寰宇记》："以安石榴花着瓮中，经旬即成酒，其味香美，仍醉人。"宋赵汝适《诸蕃志》载："无曲蘖，以安石榴花酝酿为酒。"《宋史》也载有"琼营黎峒……又有椒酒，以安石榴花著瓮中即成酒。"到清代，椒酒仍大行其道，清道光年间《琼州府志》载："饮惟椒酒"。

　　那么美好的榴花酒如何酿造呢？古籍多记载，"以安石榴花著釜中，经旬即成酒。"看来，那是把石榴花放置容器内发酵，经十数天后变为酒。这方法大概也是古代那些文人们的做法。以今天的石榴花酒制作来说，有酿造法和浸泡法两种。酿造法者，是先将花粉或完整的花做成酒曲，然后与其他原料一起发酵。浸泡法者，是将花、花粉浸泡于酒中而成。花粉或花发酵成酒，酒香浓郁，但在发酵过程中花粉的营养成分和香气成分有一定的消耗和破坏，那会降低了花粉酒的营养价值和质量。花直接浸泡于酒中，制作工艺简单，其营养成分和香气也不易被破坏，而且还可以保持其艳美的色泽。看来，那些个好饮而又要把制酒过程弄得更有情趣的古代文人应该是采用以鲜花浸泡入酒中的做法吧。

历史上的石榴酒、榴花酒，与其他果酒一样，其发展都未能像黄酒、白酒那样在世界酿酒史上独树一帜、形成传统的风格。以致现在，我们只有从古代文人骚客留下的诗文中去感受石榴酒、榴花酒的浪漫情怀。改革开放以后，我国石榴酒酿造业才有了长足发展。涌现出以安徽省怀远县亚太石榴酒有限公司、安徽省成果石榴酒酿造有限公司、山东穆拉德生物医药科技有限公司、新疆和阗玫瑰酒业有限责任公司、西安丹若尔石榴酒业有限责任公司、宜宾五粮液集团仙林果酒有限责任公司、河南省荥阳市郑仕酒业食品有限公司等一大批石榴酒加工企业，生产的石榴酒酒体纯正，色泽光亮透明，酸甜爽口，保留了石榴酸、甜、涩、鲜之天然风味，不仅具有很高的营养价值，并且有生津化食、健脾益胃、降压降脂、软化血管、保健美容等功效，形成了各具特色的石榴酒地方品牌，深受国内外市场欢迎，标志着中国石榴酒行业正在进入规模化、产业化和现代化的发展阶段，富有浪漫情怀且保健价值极高的石榴酒也会越来越多的出现在我们的餐桌上。

峄城石榴文化遗存及现状

峄城石榴文化是以石榴为载体的地域文化，是伴随着中华民族文明进程而形成的特定区域文化体系。石榴自西汉传入中国，汉代传入到峄城，造就了富有峄城特色，以和谐、吉祥为主题的石榴文化。在传统峄城石榴文化中，石榴被视为吉祥果，喻为和谐、团圆、喜庆、红火、繁荣、多子多福、金玉满堂、爱情、友谊及辟邪趋吉的象征。在现代峄城石榴文化中，石榴则成为促进经济社会发展的一个特色载体，成为打造生态旅游产业最具特色的亮点，成为城市形象和对外开放的特色标志，成为现代文化产业的重要组成部分。

峄城石榴文化的遗存

峄城石榴文化遗存历史悠久，特色鲜明，意蕴丰厚，形式多样，是国内最具特色、最悠久、最丰厚的地域石榴文化遗存，在中国地域石榴文化体系中占有重要地位。

石榴古树群遗存。古树名木是"活着的文物"，是自然和文化双重遗产。峄城石榴栽培历史已有2000余年。目前现存石榴古树群面积0.08万hm²，百年以上石榴古树3万余棵，其石榴树之古老、石榴古树之多、石榴资源之丰富，集中连片面积之大，为国内外罕见。

石榴传说遗存。峄城丰厚的石榴资源，悠久的栽培历史，浓厚的文化氛围，积淀了众多神奇的石榴传说，如"石榴仙子恋榴园""石榴园的由来""乾隆游榴园"等。这些传说紧紧围绕峄城古榴园的秀美景色，多运用奇妙的幻想、超自然的创作方法，构思巧妙，引人入胜，具有鲜明的峄城地域特色，是古人留下的宝贵的非物质文化遗产。这些传说，早就超越了峄城地域所限，在国内广泛流传，使峄城成为国内石榴传说最丰富的地区之一。

石榴盆景技艺遗存。峄城石榴盆景技艺历史悠久，兴盛于明清。著名古典名著《金瓶梅》中就有关于石榴盆景的描述。改革开放以来，峄城石榴盆景产业迎来了历史最高峰，年产石榴盆景盆栽达5万余盆，涌现出杨大维等10多个盆景艺术大师，获得世界、国家及省级盆景艺术大奖300余项，使峄城区成为国内艺术水准最高、规模最大的石榴盆景盆栽基地。峄城石榴盆景以造型奇特、花果并丽、风格迥异、艺术水准高等特点，在国内外获得了极高的赞誉。

　　石榴酒、石榴汁、石榴茶技艺遗存。明代贾三近父子家酿以榴果为主的"鲁酒""石榴茶的传说"流传甚广，民间百姓常用石榴籽榨汁、用石榴叶炒茶等，足以证明峄城用石榴果榨汁造酒、石榴叶炒茶的历史悠久。改革开放以来，峄城在继承传统石榴酒、石榴汁饮料、石榴茶生产工艺的基础上，引进吸收国内外先进制作工艺及设备，形成了一整套先进成熟的生产工艺，使产品质量、产量有了质的飞跃，居国内领先水平。石榴茶制作工艺曾获山东省科技进步三等奖；山东穆拉德生物医药科技有限公司的石榴汁饮料

山东省枣庄市峄城"冠世榴园"风景区　↑

石榴叶儿黄　（邵磊摄影）　↓

加工工艺，通过山东省科技厅组织的省级鉴定，其研究达到国际先进水平。

石榴人文遗存。自古以来，与峄城榴园相关的名人、文人辈出，凿壁偷光的汉丞相匡衡、书写《金瓶梅词话》传奇的兰陵笑笑生（有现代学者考证为明朝峄县文人贾三近）、明代皇妃权妃、翰林院编修李克敬、当代文学大师贺敬之、书法大家舒同等，都与峄城、峄城石榴、石榴园结下了不解之缘，留下了诸多历史记载、民间传奇故事和描绘石榴的文学、书画等艺术作品。近年来，吟咏、描绘峄城石榴、石榴园的文学及书画作品更是呈井喷式出现。

石榴民俗遗存。石榴在民俗文化中具有极为重要的作用。每逢传统的中秋、端午等节庆日以及庆生祝寿、婚嫁等重要仪式、活动，都会与石榴相关联，并通过口头传承、文字记载等途径，形成一种相沿成习的文化现象。端午节女孩带石榴花辟邪气，中秋节用石榴供月祈愿阖家团圆，给老人祝寿送石榴祝愿幸福长寿、新婚用石榴祝愿多子多福、幸福美满等习俗广为流传。古人在石榴身上寄托了对生活的美好愿望，在民间有着丰厚的历史积淀，并渗透到传统艺术的各个方面。

峄城石榴文化保护现状

石榴文化产业蓬勃发展。把石榴文化产业建设列入重要议事日程，出台了政策激励、资金扶持等措施，使石榴文化产业呈现方兴未艾、蓬勃发展的态势，石榴书画、文学、影视、歌曲、戏曲等作品大量涌现。近年来，以石榴、石榴园为中心意向或背景，拍摄了《石榴花开》《石榴红了》《冠世榴园》等电视连续剧和专题片；发表了大量的，以赞美石榴、石榴园，描绘榴乡人民火热的精神风貌，颂扬党和国家富民政策，反映石榴产业发展成果的诗歌、散文、书法、绘画、摄影等优秀作品。结合石榴节庆、石榴旅游，举办以石榴为主体的大型文艺演出、石榴文化论坛、石榴王大赛、石榴仙子评选、赏石榴花、采摘石榴果、石榴书画展、石榴摄影比赛、石榴文学笔会等活动；出版了石榴专题画册；发行了石榴专题纪念邮票；开发了石榴仙子塑像、石榴花开纪念杯等工艺纪念品，有些产品已形成规模化生产。

建设了石榴文化工程。区委、区政府投资3000万元，建成了占地15hm²的中华石榴文化博览园，该园位于"冠世榴园"景区的核心地带，是世界上第一家融石榴文化展示、基因保存、创新利用、良种繁育、丰产示范、生态旅游等为一体的石榴主题公园。建有中国石榴博物馆、国家石榴林木种质资源库、石榴丰产示范园、石榴良种苗圃、石榴精品盆景园以及广场、人工湖、道路、绿化等配套附属工程。在传播石榴科技、弘扬石榴文化、促进石榴以及旅游产业发展等方面起到巨大的促进作用。

石榴非物质文化遗产保护取得成效。"石榴盆景栽培技艺"入选山东省非物质文化遗产保护名录；"峄城石榴酒酿造技艺""榴芽茶制作技艺""石榴园的传说""石榴盆景栽培技艺""峄县石榴栽培技艺"等入选枣庄市非物质文化遗产保护名录；石榴盆景大师杨大维被确定为枣庄市非物质文化遗产代表性传承人；区及镇（街）两级进一步加强了石榴古树群的保护管理，挂牌保护石榴古树3万余株。

石榴文化研究取得较大进展。成立了枣庄榴园文化研究会、峄城石榴盆景花卉协会、"冠世榴园"书画名家写生基地、峄城榴园书画院等石榴文化相关组织。相继出版了《石榴园的传说》《万亩石榴园》《话说石榴》《石榴楹联》《石榴古诗六百首》《历代咏榴诗选读》等多部石榴文化研究的专著，发表有关石榴文化研究的文章20余篇，涌现出一批知名的石榴文化研究工作者。枣庄市石榴研究中心还独立承担了《中国果树志·石榴卷》中石榴文化章节的编纂任务。

石榴文化成为经济发展的载体。峄城区充分利用石榴资源优势，定期或不定期举办各种以石榴为媒介的节庆活动，做足做活石榴文章，提升国内外的知名度，助推经济和社会发展。峄城大打石榴品牌仗，分别被国家农、林部门命名为"中国石榴之乡""中国名特优经济林石榴之乡""古石榴国家森林公园"，并通过了国家农产品地理标志保护认证和国家地理标志产品保护认证。峄城区还努力打造以石榴文化为亮点的生态旅游业，"冠世榴园"景区成为国家AAAA级旅游景区。

电视连续剧《石榴红了》拍摄现场　（刘广亮供图）

"长安花"盛开枣庄2000年

虽然已进入秋末，但山东省枣庄市峄城区冠世榴园里有一朵鲜艳的石榴花。那不是真正的石榴花，而是西安世园会吉祥物"长安花"。

2011年10月15日下午，峄城区林业局副局长侯乐峰带着"长安花"喜悦地回到"中国石榴之乡"峄城。

侯乐峰此举有特殊意义，使2000年前来自长安的石榴树实体，与2000年后来自西安的以石榴花为造型的"长安花"在枣庄相聚，象征长安文化对外交流的绵延不断。

"榴花仙子"为爱情化作石榴树

石榴是张骞出使西域时带回中原长安的，初时只有皇亲贵族才能观赏到石榴。西汉丞相匡衡告老还乡时把石榴从长安带到家乡承县，也就是现在的枣庄市峄城区栽培，至今形成了城郊西部这片漫山遍野的古石榴园。这一故事，道出了枣庄石榴与西安石榴的历史渊源。

这些，在枣庄流传甚广，几乎妇孺皆知，而且有个传说：

匡衡原是天宫多才多艺的文曲星，与能歌善舞、貌美绝伦的榴花仙子相爱。不料王母娘娘偷偷爱上了文曲星，见文曲星和榴花仙子形影不离，醋意大发，给榴花仙子安了个罪名，打到西域一个叫安石国的地方，变成一棵石榴树。不久张骞奉汉武帝旨意出使西域，把石榴从安石国引入汉长安城皇家上林苑，其中就有榴花仙子化身。

自榴花仙子被打到西域，文曲星视王母娘娘为敌。王母娘娘一怒之下，给文曲星也捏个罪名，打下凡间，到了大汉国东海郡九顶凤凰山南面，投胎到一户不能再穷的匡姓人家，取名匡衡。由于有文曲星的悟性，匡衡孜孜不倦地求学，最后当了汉丞相，经常出入上林苑。有一年五六月正是石榴花盛开的时节，匡衡前往上林苑，到了榴花仙子化身的石榴树下，突然前情感悟，打一个盹，与榴花仙子在梦中相会。从那以后，两人在梦中常来常往。匡衡到晚年被罢相。由于匡衡是汉成帝的老师，有相父的名分，向皇帝提出给他一部分石榴树，拿回老家栽植。就这样弄了几棵石榴，其中有榴花仙子化身的那棵树。从那以后，就在峄城建起石榴园。

不久，一名18岁村姑因不满父母包办婚姻，在石榴园殉情上吊，家人将其就地埋葬。榴花仙子让匡衡打开坟墓，用身体暖温村姑身体，然后她附身还魂。就这样，榴花仙子和匡衡一对有情人终成眷属。

枣庄有关石榴的文化十分丰富，峄城区作家协会主席邵明思收集到当地关于石榴传说一二十个，其中以神话、名人、平民故事等三大系列为主体内容。邵明思和枣庄许多老百姓有一个共同的观点：枣庄的石榴是匡衡引进的。"家有万亩榴，胜似千户侯；家有千株榴，吃穿不用愁。"邵明思说，当年匡衡用此话鼓励枣庄群众种植石榴。

如今在石榴园南侧有匡衡墓和匡衡祠，与之相望的是人们在石榴园中塑的榴花仙子雕像。

可信的推测

在西安市临潼区，也有一个关于石榴的传说：

女娲炼石补天时，不慎将一块红宝石落在骊山脚下。一年，安石国王子在山林打猎

榴花仙女 （船歌摄影）

时救了一只快要冻死的金翅鸟。金翅鸟为了报答救命之恩，不远万里飞到骊山，将那块红宝石衔到安石国，投到王子的御花园，结果长出一棵石榴树。不久张骞奉命出使西域，到了安石国。正值安石国大旱，御花园中的石榴树奄奄一息。张骞把汉朝修建水利工程的经验教给安石国的人，不仅救活百姓的庄稼，也救活了那棵石榴树。安石国王子为了感谢张骞，欲赠送珠宝，张骞提出愿用这些珠宝换几粒石榴种子。安石国王子爽快答应，从此临潼有了石榴树。

这虽是一传说，但石榴为张骞从安石国引入，有史料佐证。据西晋张华编撰的《博物志》等记载，石榴原产伊朗、阿富汗一带，2100多年前，城固人张骞将其引入汉帝都长安上林苑，因汉武帝喜爱，又栽植到骊山温泉宫。

枣庄的石榴树果真是匡衡从长安引种的吗？

中国园艺学会石榴分会副秘书长侯乐峰告诉记者，石榴从长安上林苑向东南方向传播到我国安徽、河南、山西、山东、四川、广东、广西、江苏、浙江等地，确切无疑。至于枣庄的石榴为匡衡引来，只是一个传说，是后人的推测，没有确切的文字记载。当然这种推测也有一定的可信度，匡衡有这个条件：第一，匡衡在枣庄置有土地，有他的地界碑出土，就在峄城石榴园；第二，他当过丞相，能从皇家上林苑带出石榴种苗。

从小就勤学善思的匡衡

匡衡是一个从小就勤学善思的人。在枣庄，匡衡"凿壁偷光"的故事流传很广。

匡衡系峄城区榴园镇匡谈村人。他自小十分好学，但家境贫寒买不起书。同乡一大户人家多有藏书。匡衡就去给那家做工，不收分文工钱。主人感觉蹊跷，询问匡衡。匡衡回答："我就是想读你家的书。"主人连忙将所有书拿出供匡衡读。

由于家里没有蜡烛，匡衡无法夜间读书。他见邻居有烛光，便将墙壁凿了一个孔，借着墙孔透过的烛光读书。就是这样，他终于成为一位大学问家，尤其擅长解说《诗经》，为西汉经学家。

邵明思告诉记者，匡衡年轻时效法孔子杏坛讲学，用石头在村头树下垒了一个谈台，给老百姓传授文化知识。从那以后这个村就叫匡谈村。

元帝即位后，先后发生了日食和地震，汉元帝惶恐，担心是上天降祸汉朝的预兆，向大臣们咨询对策。匡衡上书，列举历史事实说明这些只是自然现象，引用《诗经》阐述真正的祸福全在于人的所作所为，建议皇上裁减宫廷费用、疏远佞臣小人、选拔良臣贤材、接纳忠谏等等。元帝十分欣赏匡衡，提拔他为光禄大夫、太子少傅。后匡衡又被提拔为丞相。

侯乐峰告诉记者，由于匡衡私自在峄城置了2000亩地，他在老家的儿子喝醉酒又杀了人，加上他性格刚正不阿在朝廷得罪人多，最后被弹劾，贬为庶民。临离开长安，将上林苑的石榴引回老家。如今匡谈村王姓人都称他们是匡衡的后人。传说当年因怕株连，

石榴王（金石摄影）

把"匡"字边框去了，改为王姓。

发展为全国最大石榴园

"石榴在西安最盛行是唐代，唐代有许多描写石榴的诗词。"西安市果业技术推广中心副主任严潇说。

相传，武则天十分喜欢石榴。因此，石榴在那时进入全盛时期，"榴花遍近郊"，一度出现石榴"非十金不可得"的情况。李商隐有诗："榴枝婀娜榴实繁，榴膜轻明榴子鲜"。韩愈称赞石榴"味美蔗为浆"。

"到明代万历年间枣庄石榴就多了起来。"侯乐峰告诉记者，根据《峄县志》记载，当时枣庄一带果树有21个种类，其中枣、石榴"尤佳它产，行贩江湖数千里，山居之民皆仰食焉"。说明当时这儿石榴园已有相当规模，成为当地一项重要收入来源。

枣庄市榴园文化研究会会长程作华认为，明朝石榴的发展其原因是多方面的，一是明代开通大运河，促使枣庄人观念改变，弃农种植石榴，因为这比种粮食收入高；二是老百姓有和睦相处、多子多福等民俗文化，也促使他们喜欢种石榴。

在峄城区榴园镇朱村，记者见到一棵被称为石榴王的石榴树，其主干直径有五六十厘米。

守护这棵树的老农胡福伦说，乾陵皇帝都吃过这棵树的石榴。

为"百名文化记者台儿庄行"活动当导游的台儿庄大战纪念馆讲解员姚慧子说，20世纪70年代，没有人知道枣庄有石榴。有北京专家在史料上看到以前枣庄的石榴作为贡果给朝廷，就给枣庄写信。枣庄人立即寻找，结果在峄城发现了这片石榴园。

侯乐峰说，在20世纪70年代前，峄城石榴园面积不到1万亩，粗放管理，病虫害重，"十果九烂"，80%石榴晒干后把皮卖给药材公司。80年代初期开始高速发展种植，一直持续到现在。目前峄城区集中成片的石榴有12万亩，成为全国最大的集中连片石榴园。

取得两项吉尼斯之最

"从外在看，石榴红红火火，给人希望发达、吉祥如意的象征；内在，石榴里的籽多的达七八百粒，少的也有二三百粒，虽然粒多，挤在一起，但和谐相处，共同发展，籽粒个体大小基本上没有多少差别。这种和谐对我们人类应该是一个有意的借鉴。"侯乐峰说。

正是因为石榴给人以热情奔放、团结和睦、求实开放的象征，而且西安种植石榴历史悠久且普遍，1986年，西安市人大常委会将石榴花定为西安市市花。一年后，枣庄市人大常委会也将石榴花确定为枣庄市市花。

侯乐峰告诉记者，枣庄在扩大种植规模的同时，不断延伸石榴产业链条，开发石榴盆景、石榴茶、石榴酒、石榴饮料等，同时大力发展石榴园旅游事业。

2001年，上海大世界吉尼斯总部认证峄城的石榴园种植面积为"大世界吉尼斯之最"。峄城人给他们的这个大石榴园起名"冠世榴园"。

相隔10年，西安世园会以西安市花石榴花为会徽、吉祥物，又由于西安古称长安，有长治久安之意，定名"长安花"。"长安花"来自唐代诗人孟郊的诗句"春风得意马蹄疾，一日看尽长安花。"

2010年7月4日，由523辆西安私家车组成的车阵拼出了西安世园会会徽"长安花"线形图案，吉尼斯世界纪录认证官吴晓红到现场认证，确认该拼图为世界上最大且参与车辆最多的一幅汽车拼图。

石榴为媒结为友好区

学园艺专业的侯乐峰1981年毕业后分配到峄城区农业局从事园艺工作。那时关于石榴，文献上记载的多为临潼，其他地方都是只言片语。侯乐峰看到峄城的这片石榴资源非常壮观，而且几乎处于野生状态，于是着手研究，陆续在山东省内外果树杂志、新闻媒体上发文章介绍峄城石榴。从那以后，虽然工作发生过多次变化，他都没有放弃对石榴的研究，把周末业余时间都用到这方面。

他刚工作就和西安有来往。当时西安植物园研究员张俭给枣庄写信，索取石榴树枝条，领导将此事交给侯乐峰办理。侯乐峰给张俭寄去了十几个品种的石榴树枝条，后来在西安植物园都开花结果了。

侯乐峰告诉记者，在国内，临潼和峄城这两个区，石榴历史悠久，面积比较大，品种比较多，石榴也都果大、外观美、口感好，同时国内研究石榴最早的、颇具成果的也就是临潼和峄城，两个区都有一帮人研究技术、文化，出石榴科技、文化方面的书，也是临潼、峄城最多。两个区所在市的市花也都是石榴花。因此从20世纪80年代开始，两个区的石榴技术人员就有联系，经常互相走动、引种。2005年，经两个区的石榴科研人员牵线搭桥，两区政府签了建立友好区协议。国内因石榴而建友好区的，这还是首例。

"长安花"将永久"落户"石榴博览园

侯乐峰带记者穿过一望无际的冠世榴园，来到正在建设中的中国石榴文化博览园。他告诉记者，这是全球首家石榴文化博览园，主要目的是弘扬石榴文化，传播石榴科技。该工程由峄城区财政投资3000万，于2010年动工，2012年可以建成。

"我肯定要把'长安花'放进中国石榴文化博览园，永久收藏。"侯乐峰说，2010年他在网上看到世园会的吉祥物和石榴有关，就很感兴趣，立即将其图片从网上下载，并想带回实物收藏展示。2011年10月10日第二届全国石榴生产与科研研讨会在西安召开，他便利用这个机会到西安世园会买了这个"长安花"。

谈到未来和西安的合作，侯乐峰认为，峄城和临潼的石榴跟南方比，有两个共同的缺点，粒小、成熟晚。中秋节是一个大的消费市场，但中秋节前我们的适口性差。同时，我国虽然是石榴大国，但不是强国，品种、单产都不如伊朗、阿富汗、美国、突尼斯、以色列、印度。深加工上我国也不如有的国家，人家将花、叶、果皮、籽粒、种子都利用得非常好。要改变这种状况，需要我们两地科技人员几十年不懈努力，甚至几代人默默无闻奉献。我们在全国石榴研讨会上已形成共识，各地要取长补短，共同发展。

西安市果业技术推广中心副主任严潇认为，西安市在石榴文化挖掘、石榴种质资源收集保护和整个产业链条的开发上要向枣庄学习（作者：金石，原载于2011年10月22日《西安日报》，收入时略有改动）。

洳运河·石榴园·《金瓶梅词话》
——峄县明晚期的三件盛事

据史料记载，峄县之名自明洪武二年（1369）至公元1960年，沿用了591年，可谓历史悠久。明朝晚期峄县出现了三件盛事：洳运河通航、石榴园成林、《金瓶梅词话》问世。它们的本质属性、历史地位、价值作用不同，但集中反映了当时山东峄县（今枣庄市峄城区）一带经济文化的繁荣昌盛。如今，研究、发掘、利用这些历史人文自然遗产，对促进文化旅游产业的发展，推动枣庄"江北水乡·运河古城"建设，大有裨益。

洳运河促进了石榴园的发展壮大

京杭运河枣庄段，史称洳运河，明万历三十二年（1604）开成通航，400多年来作为京杭运河的主航道一直通航不断。洳运河长260里，属邳州100里，峄县99里，滕县61里。洳运河的开通使京杭运河走向鼎盛，明清时期成为维护封建王朝统治的生命线。它的历史价值是多方面的：避黄行运，解决了黄泛袭扰，"尽避黄河三百里之险"；缩短航程，比经茶城、徐州入黄河近了180里；确保南方粮食、丝绸、茶叶等物资北运，北方煤炭、石榴、大枣等物资南运，促进了南北物资交流；催生了台儿庄重镇，使台儿庄在明清时期呈现了"商贾迤逦。入夜，一河渔火，歌声十里，夜不罢市"的繁荣景象；更新了人们的思想观念，使一部分人弃农从工，一部分人弃农从渔，一部分人弃农从副，大量种植石榴、大枣、花生、生姜等经济作物；促进了开放的吴越文化，重信讲义的儒商文化，注重变革的荆楚文化与倡导"吉祥平安""红火发财""团结和睦"的石榴文化的交融；繁荣了在运河船工号子基础上形成的拉魂腔（柳琴戏）等民间艺术……石榴园明晚期成林，当时只是初具规模。由于受运河文化的影响，当地农民的商品意识逐步增强，石榴种植的积极性和创造性不断提高，使石榴园的面积越来越大，石榴的品种越来越多。《峄县志》记载：峄县石榴"行贩江湖数千里"。新中国成立以来，特别是改革开放以来，在党的富民政策的指引下，如今的石榴园已发展到12万hm²，品种50多个，也成为名副其实地"冠世榴园"。

石榴文化为《金瓶梅词话》增添了绚丽色彩

石榴，原产于伊朗、阿富汗等中亚地区，从汉代开始，我国把石榴作为奇树珍果栽培。据考证，峄城石榴的栽培历史有2000多年。悠久的历史，积淀了2000多年厚重的石榴文化。石榴文化中的"团结和睦""富贵吉祥""红红火火""多子多福""笑口常开"等多种思想内涵深被峄地人崇拜、追求和向往。称颂石榴的歌谣、谜语、剪纸、歇后语、故事等民间艺术在人民群众中广为传颂。任何小说，都源于生活。《金瓶梅词话》一书中，上百次提到石榴，既有对树、花、果、盆景的描述，又有大量与石榴有关的诗歌、散曲、小令、民俗的出现。西门庆府地是个大花园，石榴是花园里的主要树种。作者对石榴的描写和赞颂充满全书。如，对石榴树的描述，第二十九回写到"别院深沉夏草青，石榴开遍透帘明"；对石榴花的描述，第七十三回写道"石榴似火开如锦，不如翠盖芰荷香"；对石榴盆景的描述，第七回写道"里面议仪门柴墙，竹枪篱影壁，院内摆设榴树盆景……"；对石榴果的描述，第七十八回写道"月娘又往里间房内，拿出数样配酒的果菜来，都是冬笋……鲜橙、石榴、风菱、雪梨之类"，把石榴果当赠品、祭品、菜品的记述，可以说比比皆是。因此说，石榴文化为《金瓶梅词话》增添了绚丽色彩。

《金瓶梅词话》是峄地宝贵的历史遗产

《金瓶梅词话》是明代四大奇书之一，在中国小说史上具有划时代的意义。毛泽东同志对《金瓶梅词话》给予高度评价，他说，"《金瓶梅词话》写了明朝真正的历史"，"《金瓶梅词话》是《红楼梦》的祖宗，没有《金瓶梅词话》就写不出《红楼梦》"。为发掘利用这一宝贵历史遗产，峄城区曾于2005年和2007年两次召开《金瓶梅词话》学术研讨会。研讨会除对作者问题进行研究外，重点探讨了《金瓶梅词话》一书的历史价值，一致认为该书的作者以批判的精神借宋喻明，以一个家庭对文化的粗暴践踏来揭示宋明两朝社会腐败的现实、自我崩溃的过程和成因，"写出了明朝真正的历史"，给后人留下许多宝贵的启示。关于作者"兰陵笑笑生"是谁的问题，一直争论不休，至今未有定论。据张远芬先生考证，认为作者是峄地人贾三近。据许志强先生、程冠军先生考证，认为作者为贾三近之父贾梦龙。关于成书的时间，许志强先生认为在明万历五年至二十年之间。这些专家认定作者为贾氏父子的理由很多，但都把作者是兰陵人（峄县古时称兰陵），把峄地盛产石榴、煤炭等作为重要佐证。目前，"金学"界支持"二贾"说的人越来越多，这当是峄地人的骄傲和自豪。作者到底是谁？可以继续争论，也可以不争论，但对《金瓶梅词话》一书的精神实质和宝贵价值以及峄地的历史文化不能不潜心探讨，认真发掘，为今所用。

洳运河通航、石榴园成林、《金瓶梅词话》问世，是明朝晚期峄县出现的一种文化现象。它们的出现不是偶然的，是社会进步的必然；不是孤立的，而是互相联系、互相渗透、互相促进的。这三件历史遗产，是先人留给峄地人巨大的文化和旅游资源。我们要对这些宝贵的资源进行综合保护、开发、利用，使其转化为现实的生产力，不断促进枣庄"江北水乡·运河古城"建设和经济社会又好又发展（作者：程作华）。

山东省枣庄市峄城区石榴古园林　（颜炳珍摄影）

峄县石榴赋

　　峄本旧郡，万物钟灵兮，向为神佑。承乃古水，千畹毓秀兮，祥瑞自降。邑西峰峦相衔，迤逦如龙，曰青檀山、白草山、石屋山、马头山、盛土山……东西蜿蜒四十余里。山南冈岭隐伏，陨星遗珠，曰青檀寺、养眼楼、贾氏泉、匡衡祠、娘娘坟……南北层叠六里之阔。

　　千壑百谷，流泉飞瀑，乱石荒滩，草木纷披，有奇木勃生于斯绵袤之地，见珍果星缀于彼山阳之野。斯嘉树也，名其曰石榴，誉之为仙子。武则天爱之，封为"多子丽人"；杨贵妃乐食，喜着石榴裙起舞。之异株也，遥生于西域安石之国，博望侯张骞撷籽东来。兹仙果也，本悬于皇家上林之苑，汉丞相匡衡移植故里。繁衍二千载得百万株之巨，方圆十万亩人称冠世榴园。

　　盖此园之辽阔，世所罕见。榴林峥嵘，郁苍苍；花海斑斓，锦灿灿。一望亭登眺，赤霞朱云灼双目，一朵花开千叶红。园中园寻芳，翠枝绿萼染衣裳，百盏点燃万笼挂。铁干虬枝，瘿瘤蛇缠，谁言老树无情？嫩条初绽，袅娜曼舞，风吟荡漾春意。若夫五月夏韵，南风醺染，蕊吐红舌，溢赤扬丹，观花宜其时也；已而八月秋高，霜搽香腮，露洗青袍，胞孕玉籽，缀飐悬瓠，赏果恰值佳期。若羲之返世，定邀园中雅集，再戏曲水流觞；如刘伶还魂，当奉石榴美酒，相携醉卧花丛。

　　噫嘻，石榴！大漠而来，性本粗犷，何惧乱坡野冈，铮铮然蛮汉子；西天而降，自携灵光，娴立阃闱庭院，翩翩然美仙子；矫揉造作，屈身龟缩，盆中习练瑜伽，循循然文侏儒。树为佳木，果以珍称。千粒一房，同胞相拥，其意寓寄合和。榴谐留也，延嗣绵绵；籽喻子矣，多子多福。嗟夫！能兆福祈寿者，此非榴之懿德乎？

　　华夏榴乡传有七畈，冠世榴园声高馨远。美哉，峄县石榴！经百世而历千载，衍演于今,终成茂林广园,蔚为大观也!　妙哉,峄州仙果!'秋艳'独领头牌,籽盈汁丰,啜樱吮蜜,噙之心醉;'大青皮''大马牙''冰糖籽''大红袍',色如其譬,甘之若饴。已矣!手工古法,固存陋弊。革故创新,荟菁萃华。翠芽炒茶岂逊龙井?鲜粒榨汁堪称琼浆;酿酒则名授果酒之王,造醋可赐封果醋皇后。

　　奇矣哉!嘉木兆昭,汉家风度今再现,丝路又重开;仙果呈祥,大唐盛世几可期,飞天舞东风(作者:董业明)。

榴园秋歌　(邵泽选摄影)

高怀不与春风近　破腹时看肝胆红
——带您游览中华石榴文化博览园

亲爱的朋友，热烈欢迎各位莅临中华石榴文化博览园考察、参观、游览！

中华石榴文化博览园是世界上第一家融石榴文化展示、种质保护、创新利用、良种示范、生态游览、社科普及于一体的石榴主题公园。它坐落于枣庄市峄城区"冠世榴园"景区的核心地带，占地15hm²，总投资3000万元。全园以石榴园林为核心基调，以弘扬石榴文化、展示石榴科技为主线，镶嵌着枣庄市石榴国家 林木种质资源库和中国石榴博物馆等主题建设项目，犹如冠世榴园内的一颗冉冉升起的明珠。

石榴国家林木种质资源库是2016年国家林业局认定的99个国家库中唯一的国家级石榴种质资源库，分为国内和国外两大保存区，目前收集、保存国内外石榴品种298个，其中美国、以色列等国外石榴品种22个，国内山东、新疆、陕西、河南、安徽、云南、四川等7大石榴主产省的品种276个。资源圃不仅保存着2000多年栽培历史的传统品种，保存着具有特异种质的农家院里栽培的品种，保存着花大如牡丹的观赏石榴品种，保存着我们研发的'秋艳''橘艳''红绣球'等最新石榴品种，还保存着目前世界上最先进的、品质最佳的、

中华石榴文化博览园 （李剑摄影）

鲜食加工兼用的'Wonderful''以色列软籽酸'等国外著名石榴品种。按花色分，有红花、白花、粉红花、玛瑙色之区别；按花瓣数量分，有单瓣、复瓣、重瓣之区别；按果皮颜色分，有红皮、白皮、青皮、黄皮、紫皮、紫到发黑的区别；按籽粒颜色分，有红籽、白籽、粉红籽、黑籽等区别；按口感分类，有甜、酸甜、酸、涩之区别；按籽粒硬度分，有硬籽、软籽、半软籽的区别；按用途分，有鲜食、加工、观赏、药用之区别，按成熟期分，有早熟、中熟、晚熟之区别。这里，简直可以成为"石榴的王国"！

这"石榴王国"，已成为中国农业科学院郑州果树研究所、南京林业大学等大学、科研机构的教学科研实习基地。也正是因为与这些国家、省级科研团队的联合攻关，在这片"石榴王国"的土地上，出版了国内第一部石榴百科全书《中国果树志·石榴卷》、第一部记述地方品种资源的《中国石榴地方品种图志》，诞生了国内第一个通过国家审定的石榴良种'秋艳'，承办了国际园艺组织在中国首次召开的国际石榴学术会议。这"石榴王国"，是浓缩的"世界石榴博览园"，已经成为国内外最重要的石榴生产科研基地之一。

亲爱的朋友，现在，我们来到了石榴文化博览园的主题建筑——中国石榴博物馆

中国石榴博物馆是我国第一座以石榴文化和石榴科技为主题的大型专题博物馆，建筑面积2000m²，上下两层，一层展示石榴丰富的文化内涵，二层展示石榴科技。请随着我一起走进神奇的石榴世界……

这是石榴起源与传播展厅

石榴原产伊朗、阿富汗和高加索等地区。我国学者在西藏三江流域海拔1700～3000m的察偶河两岸荒坡上，发现分布着800年以上的野生酸石榴群落，为此初步认为西藏东部也是石榴的原产地之一。据考证，人类栽培石榴的历史，至少可以追溯到伊朗早期青铜器时代，距今已经有6000年左右。随着人类迁徙，石榴由原产地传播至更广阔的区域。

石榴是随着人类文明而推广的果树，其珍贵程度在许多古书上都有记载。亚当和夏

娃被赶出伊甸园是因为他们偷吃"禁果"——石榴。据圣经记载，"禁果"是"知善恶之树""生命之树""智慧之树"的果实，并没有说是哪种树。在伊甸园中，的确栽培着苹果、葡萄、石榴、椰枣、无花果。由于石榴是多产、子孙繁荣的象征，以色列学者考证，使亚当和夏娃结合成为人类之源的"禁果"不是苹果，而是石榴。

这是反映张骞出使西域的一座铜像。历史上对于石榴传播起到极其重要作用的人物，汉朝特使张骞出使西域，通过丝绸之路，将石榴引入中国。

石榴在中国的传播有两个地标：一个是西汉皇家园林上林苑，上林苑地跨长安、咸阳、周至、户县、蓝田五县县境，纵横300里。石榴传入中国初期，就栽植在上林苑；另一个就是西安的华清池。杨贵妃喜欢荔枝，同时也喜欢石榴，喜欢穿石榴裙，喜欢喝石榴酒，喜欢种植石榴，曾经在华清宫亲手栽种了53棵石榴树，目前仅仅保存一棵，树龄有1200年。是中国最古老、最有名气的石榴古树名木。

凿壁偷光的匡衡，汉成帝时从皇家上林苑将石榴引入家乡峄县栽培，造就了现在的"冠世榴园"无限风光。汉丞相匡衡也对石榴的传播做出了历史性贡献。

2013年9月23日，国际园艺学会干果分会主席达米亚诺·阿瓦扎多先生等考察石榴国家林木种质资源库 （苑兆和供图） ｜↑｜

2015年4月15日诺奖获得者、美国科学院院士乔治·斯穆特博士考察石榴资源圃 （峄城区区委宣传部供图） ｜→｜

这是石榴皇冠的全息影像。考古学家在伊拉克境内发掘的距今4000～5000年的乌尔王朝废墟，在苏布阿德王后的墓葬中，发现了皇冠上镶嵌着石榴图案。古代皇帝、皇后以及神话传说中的女神赫拉也都戴着石榴样子的皇冠。

这是石榴文化内涵厅

在伊朗，石榴象征多子、丰饶。《可兰经》里，石榴被称为"天堂圣果"，认为每个石榴中有一粒种子是来自天堂。在以色列，石榴象征正义，其613颗籽粒代表613条犹太戒律；同时也是富饶、富裕的象征。

希腊神话中的最高女神赫拉，掌管婚姻和生育，她的代表圣物之一，就是石榴。她通常头戴石榴花萼式样的皇冠，一手紧握权杖，另一手紧握石榴。

石榴也是美神、爱神维纳斯的象征之一。她是石榴树的保护神；她的儿子丘比特，一手持弓箭，他的箭射入恋人的心上，便会使她们深深相爱；另一手持石榴，象征爱情天长地久。

石榴是随着人类文明而诞生的果树，其珍贵性在许多古书上都有记载，成为史记流传下来。亚当和夏娃被赶出伊甸园是因为他们偷吃"禁果"，据《创世纪》记载，是"知善恶之树"、"生命之树"、"智慧之树"的果实，并没有说是哪种树，而在伊甸园中，的确栽培着苹果、葡萄、石榴、椰枣、无花果。石榴是多产、子孙繁荣的象征，所以有学者认为，使亚当和夏娃结合成为人类之源的禁果可能是石榴。

《可兰经》描述，石榴是上帝创造的好东西，来自天堂的花园，花园里有幽幽泉水及各种鲜美的水果，其中就包括石榴。石榴与橄榄、无花果并称为天堂三圣果。

犹太民族的住棚节

石榴是生命之树、智慧之树

伊甸园的禁果是石榴

石榴是随着人类文明而诞生的果树 （郝兆祥供图）

石榴在中国，与佛手、桃并称为中国三大吉祥果。寓意多子多福。北齐文宣帝侄儿安德王娶李祖收之女为妃，皇帝到李妃的娘家做客，妃母呈献两个石榴。文宣帝不解其意，这时皇子的老师魏收说："石榴房中多子，王新婚，妃母欲子孙众多。"皇帝大悦。自此，订婚下聘或迎娶送嫁时互赠石榴的风俗开始在民间流传。

石榴是民族团结、融合、统一的象征。党的十九大报告中明确提出："铸牢中华民族共同体意识，加强各民族交往交流交融，促进各民族像石榴籽一样紧紧抱在一起，共同团结奋斗、共同繁荣发展。"石榴也是团圆和谐、爱情友情、辟邪纳福和姓氏的象征。

这是石榴诗画厅

汉朝开始，石榴成为古人诗文意境的一个构成要件和中心意向，描写石榴的赋、诗开始出现，此后，历代文人墨客对石榴吟咏不断，创造出大量吟咏石榴的经典文学作品。李白、白居易、柳宗元、陆游、王安石、苏轼、欧阳修、唐寅、吴伟业、郭沫若、贺敬之等文学大师都有吟咏石榴的诗文。石榴花的艳丽、石榴果的饱满、石榴树姿的优美、石榴籽粒的甘甜、石榴的多种功效以及石榴团圆和谐的象征等，无不尽入文人诗怀。在文人的笔下，形容石榴的"天下之奇树，九州之名果""千房同膜，千子如一""五月榴花照眼明""微雨过，小荷翻，榴花开欲然""石榴酒，葡萄浆，兰桂芳，茱萸香""浓绿万枝红一点，动人春色不须多""雾壳作房珠作骨，水晶为粒玉为浆"等千古绝句，后人吟咏不绝。

石榴作为绘画题材，不仅具有适合与表现的形式感，而且具有寓意吉祥的象征意义，因而自古以来被许多书画家所青睐。古代徐熙、黄居采、徐渭、陈淳、郎世宁、沈周，现代齐白石、张大千、潘天寿等均有艺术品位极高的石榴画作品。石榴作为中国国画艺术的一个重要题材，业已形成了成熟的石榴画技法。

这是石榴民俗厅

石榴在中国传统文化中，与历史上两个美丽的女性人物有莫大的关系。一是武则天，这是反映武则天手持石榴的一座雕像。武则天十分喜欢石榴，封石榴为"多子丽人"。由于她的极力推崇，人们对石榴的热爱达到了历史鼎盛时期。第二个美丽的女性就是杨贵妃。杨贵妃非常喜爱石榴，爱赏榴花、爱吃石榴、爱喝石榴酒、爱穿石榴红裙。唐明皇宠爱杨贵妃，不仅在华清池、太后祠等地广种石榴，并令百官膜拜贵妃，百官见她无不屈膝使礼，"拜倒在石榴裙下"的典故即由此而来。以致到现在，石榴裙遂成为美丽女性的代名词。

石榴在民俗文化中具有极为重要的作用。每逢传统的中秋、端午、七夕等节庆日，以及庆生祝寿、婚丧嫁娶、祭祀庆典等重要仪式、活动，都会与石榴相关联，并通过口头传承、文字记载等途径，形成一种相沿成习的文化现象。

石榴民俗 重要节日
Pomegranate Folklore

端午

端午·祥瑞

石榴花的红是端午的红。

石榴是农历五月的代表花卉,五月又称"榴月",榴花又叫"五月花"、"五时花"。"石榴花开端午",石榴花是端午时节的时令之花、祥瑞之花。

榴花是驱邪避灾天中五瑞之一。相传五月初五是恶月恶日,这天世俗门前要悬"天中五瑞"以辟邪驱瘟、逢凶化吉。这"天中五瑞"指的是菖蒲、艾草、石榴花、蒜头和龙船花。

唐朝就有以榴花辟邪的习俗。《酉阳杂俎》:"北方妇人,五日进五时图、五时花,施之帐上。"明朝以后女子多以榴花饰发以辟邪。《帝京景物略》:"五月一日至五日,家家妍饰小闺女,簪以榴花,曰'女儿节'。"清顾禄记《清嘉录》:"端五瓶供蜀葵、石榴、蒲蓬等物,妇女簪艾叶、榴花,号为'端五景'。"

端午:石榴象征祥瑞
（郝兆祥供图）

这是世界石榴厅

随着消费者对石榴需求量的日益增加，世界石榴产业迅速发展，全球有40多个国家石榴栽培面积较广，实现商品化生产，栽培规模约有60万hm²，总产量超过600万t。主要生产国是印度、伊朗、中国、土耳其和美国，这些国家栽培规模和产量约占世界石榴总规模、总产量的75%。

我们看到的是世界石榴生产分布图，大石榴图案代表的是世界石榴主要生产国，中等石榴图案代表的是有商品化石榴生产的国家，小石榴图案代表的是有零星石榴生产的国家。总体上，石榴生产国集中分别在北纬30°左右，尤其是西亚、中亚和地中海沿线国家较为集中，像是地球上的一条"红腰带"。在南纬30°线左右也有相对集中的区域分布。

目前世界上石榴生产水平最高的国家是以色列，其品种最好、栽培技术最先进、

国家石榴种质资源库内保存的石榴种质 （郝兆祥供图）

国家石榴种质资源库内保存的石榴种质 （郝兆祥供图）

管理最精细、加工水平也最高。以色列的主栽品种'Wonderful'，中文意思就是"精彩""奇好"，果皮全红、籽粒软，口感好，鲜食加工均可。这个品种仁是软的，其枝条也是软的，所以结果之后就坠下来，像西红柿挂果一样，非常美观。目前，我们国家无论是在品种上、栽培管理上，还是加工利用上，和世界石榴生产先进国家相比还有很大差距，还有很长的路要走。可喜的是，我们的石榴种质资源圃已经引入'Wonderful'等一些国外优异的品种，正在做适应性栽培试验。如果表现好的话，可以极大地丰富我们的优良品种资源，促进我们的石榴生产再上新的水平。

这是中国石榴厅

石榴在中国地理分布范围非常广泛，除东北三省、内蒙古、新疆北部等极寒冷地区外，都有石榴分布。中国石榴栽培规模约12.8万hm²，年产量约170万t。历史悠久、产量较高的著名产区有陕西、河南、山东、安徽、四川、云南、新疆等地，也是我国石榴栽培的主要产区。

这些是中国石榴的主栽品种。目前，'秋艳'是中国北方石榴产区的优良品种，是山东省林业科学研究院、枣庄市石榴研究中心联合选育的，是我国石榴生产领域第一个、也是唯一一个"国审"良种。它的特点：一是籽粒大，百粒重达到70～90g，像小花生米似的；二是汁液多，口感好，一斤能榨石榴汁半斤左右，传统品种也就是2两多一点，鲜食加工都适宜；三是抗裂果，解决了传统主栽品种裂果严重这一制约性难题。四是销售价格高，增加了农民收入。'会理青皮软籽''建水红玛瑙''蒙自甜绿籽'，是中国南方石榴产区的优良品种，目前中国种植规模最大、产量最高、市场上销售最多，几乎占领了全国石榴市场。'突尼斯软籽'石榴，来源于突尼斯，因为籽粒软，而成为市场消费者最受欢迎的"网红品种"，近几年异军突起，栽培规模和产量急剧增加。河南省、云南省、四川省是我国著名的'突尼斯软籽'石榴基地。

这是30余年来，我国正式出版的石榴科技类的书籍，目前保存近百本，保存数量和门类比国家图书馆保存的都多，种类也更齐全。

枣庄市峄城区是山东石榴的集中产地和发源地，是我国古老的石榴主产区之一。存有世界最大的石榴人工林古树群落。这些是峄城特有的几个品种，'峄城紫皮甜'，我们常见紫皮石榴绝大多数是酸的，它是甜的，非常罕见；'黄金榴''重瓣玛瑙花''绣球牡丹'等品种也都非常稀少、珍贵。

这是石榴现代栽培厅

这是反映石榴生长期、物候期科学知识的一个展板。石榴是生长在亚热带及温带的果树，因此，尤其喜欢温暖的气候条件，同时表现喜光、耐干旱的特性。冬季休眠季节要求极端最低气温不低于-17℃；耐干旱瘠薄，对土层厚度、土壤质地要求不严，但以土层中厚、砂壤土或壤土栽培最为适宜。

在植物分类学上属石榴科石榴属植物。该科植物仅1属2种。在我国只有一种，即普通石榴，占绝大多数，极少部分为普通石榴的变种。变种主要有：'月季石榴''白石榴''黄石榴''玛瑙石榴''重瓣白石榴''重瓣红石榴''墨石榴'等。

这是反映各种石榴花、石榴皮、石榴籽的展板，对比非常醒目、直观。

这是反映石榴现代栽培技术一个展板。目前，世界上石榴栽培技术突飞猛进，品种优异、宽行密株、机械化、省力化栽培是一大趋势。

这是石榴营养、功能成分和加工利用厅

石榴果实营养丰富，在国外，《古兰经》《圣经》《摩西五经》《犹太法典》等记载，石榴被称为"上帝的食物"；在中国，石榴被赞为"九州名果"，其汁液之美被誉为"天浆"，是只有天上的神仙才能品尝到的美味。

"石榴树全身都是宝"。石榴果实的果皮、种子、果汁、隔膜、胎座以及叶、花、树皮和根皮中含有丰富的次生代谢物质，且多属生物活性物质，对人类具有提高免疫力、抗氧化、抗衰老、抗感染、抗癌、抗动脉硬化、抗糖尿病、改善皮肤健康等功效。现在，越来越多的研究，使石榴在中、外传统医学中的应用功效得以科学验证，并极大地拓展了石榴在药用保健方面的空间，誉为"21世纪的天然药物"。

石榴在所有的水果中抗氧化活力是最高的，其抗氧化物质含量是柠檬的11倍、苹果的39倍、西瓜的283倍。所以石榴在国外被称为"功能型"水果。

石榴在国外入药治病的历史已经有2500余年的历史，国内作为中药也有将近2000年的历史。中药方面入药重点是石榴皮，石榴性温，味甘，酸涩，具有生津止渴、收敛固涩、止泻止血的功效。主治口燥咽干、烦渴、久泻、久痢、便血，崩漏等病症。现代科学研究表明，石榴果皮中的酚类物质特别多，是其籽粒含量的10倍多，其他如苹果、桃、梨等果皮酚类的含量只是果肉的两倍，果皮比果肉的抗氧化的酚类物质更丰富，因此说，我们的古代先人具有无比的聪明智慧，在石榴上多是利用其果皮入药。

这个展台展示的是石榴相关加工产品。初加工产品有石榴茶、石榴汁、石榴食品等。研究表明，石榴汁的抗氧化能力是葡萄酒和绿茶的3倍，被认为是保护人体心脏健康最有效的果汁，从这个意义上来讲，石榴汁是最好的果汁之一，石榴酒是最好的红酒之一，石榴茶也是最好的绿茶之一。石榴汁因为是爱神维纳斯的保护树，塞浦路斯岛种下的第一棵石榴树是维纳斯亲手种植的，所以，在欧洲、西亚等地，石榴汁被称为"爱情之饮"，是相恋相爱的人民最喜欢喝的饮料。

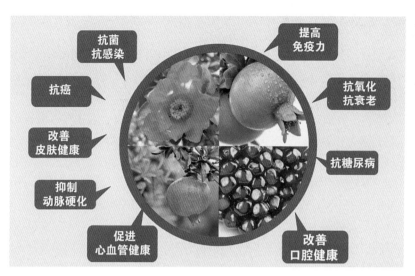

石榴药用和保健功效 （郝兆祥供图）

这个是石榴籽油产品。石榴籽的出油率为15%～20%，实际上因为去壳困难，一般10斤籽能榨出1斤油。石榴籽油比橄榄油还珍贵，一是能作为天然护肤品直接使用，二是开发为石榴油胶囊作为保健品食用，三是作为医药和美容产品的重要原料，四是因为石榴籽油具备很好的成膜性，也是制作高档油漆的原材料。

这个是石榴保健品、美容护肤产品和药品。这些属于精深加工系列产品，日本、韩国等国外研究、开发较早，产品也比较成熟，国内的石榴精深加工才刚刚起步。这是我们峄城一家企业试生产的石榴保健品——主要功能是促进人类性健康，被誉为"液体伟哥"，目前还未正式投放市场。

石榴是一种神奇的果品，是能促进人类健康的一种功能型水果。完全可以说，男士经常吃石榴，身体会更健康；女士经常吃石榴，身体会更美丽。石榴的美容效果惊人，尤其是女性朋友如果每天吃一个石榴，连续一段时间后，你的皮肤会发生质的变化，会更白皙、更细腻，皱纹也变少、变小了，比任何一种美容护肤产品的效果都好。

石榴的美容奇效，在于石榴籽中富含女性荷尔蒙，也就是女性雌激素。世界上成千上万种植物中含有雌激素的非常罕见，目前可知的仅有石榴、椰枣等几种植物。而且石榴中含量最多，每千克石榴种子中含有17mg（每千克椰枣种子只含有0.4mg）。因此，建议女性朋友多吃石榴，常吃石榴，而且"吃石榴不要吐籽"，更有营养，带给您美丽和健康。

最后，我们来到的是尾厅——拍照留念厅

　　亲爱的朋友，无论您在任何季节来到峄城，在中国石榴博物馆里都能深切感受到石榴的"神奇世界"和"冠世榴园"的美丽风光！无论在什么时候，在这里，您都可以站在"冠世榴园"的各种美丽的背景下，拍照留念。

　　亲爱的朋友，石榴有许多美丽的名字：丹若、沃丹、醋醋；石榴有许多美好的寓意：和谐、团圆、喜庆、多福；石榴有许多动人的诗赋："榴花开欲然""水晶为粒玉为浆"；石榴有许多神奇的传说：石榴仙子、拜倒在石榴裙下、榴开百子；石榴分布范围几乎遍及中国各地，其营养、保健、观赏、生态价值等"物质属性"，已与我们的物质生活密不可分；石榴作为人民崇尚吉祥、向往和谐、追求幸福的"精神属性"，与中华文化已是水乳交融。今天，我们谨秉承弘扬石榴文化、传播石榴科技之信念，倾力打造了这座世界唯一的石榴博物馆，展现传承文明的历史使命，期待石榴花开更艳，榴果香飘更远！

　　在这里，让我们将石榴最甜美的祝福送给您，祝愿您的笑容如石榴花般鲜艳，祝愿您的生活如石榴籽般甘甜，祝愿您的事业如石榴果般兴盛，祝愿您的人生如"冠世榴园"般福泽绵延……

　　亲爱的朋友，我们在中华石榴文化博览园的考察、游览活动结束。谢谢！

附录

国外石榴文化

中亚、西亚和阿拉伯国家石榴文化

太阳圣树

波斯人称石榴为"太阳的圣树",喜欢其榴籽晶莹,象征多子、丰饶。在早期亚述的石板浮雕中,有石榴、葡萄、无花果的描绘,这些都是祭祀用的神圣之树。波斯人崇拜的安娜希塔女神,手执石榴象征丰收,她的芳姿常常出现在萨珊波斯的金银器上。当地还有这样一个习俗,新娘出嫁要从娘家携带一枚石榴,在到达新郎帐篷前的时候,把石榴砸碎在门前地上,把榴籽扔到帐篷里,然后数数看从里面蹦出来多少石榴籽,来占卜将来可以生育多少儿女。

天堂圣果

石榴的阿拉伯语名字(rumman)和犹太名字(rimmon)均来源于"天堂之果",其蕴含了丰富的感恩文化。《古兰经》里称石榴、无花果、橄榄为"天堂圣果",认为每个石榴中有一粒种子是来自天堂。先知穆罕默德说:"吃一吃石榴吧,它可以使身体涤除嫉妒和憎恨。"这与古希腊人将石榴称为"忘忧果"几乎同出一辙。《天方夜谭》记载,阿拉伯人喜欢在烘烤的乳饼上洒满石榴籽以款待远客,美味异常;石榴还被比做少女的乳房或是永恒的生命。早在5000年前,古埃及第18王朝的法老墓壁画上就绘有石榴树;壁画表明在法老向神奉献的瓜果中,就有皮色粉红、饱满裂子的大石榴。段成式《酉阳杂俎》记载"大食勿斯离(埃及)进贡之石榴,大者重达五六斤"。

耶稣重生象征

石榴在基督教中象征耶稣的重生,代表了生命的繁荣。波提且利名画《手持石榴的圣母》中,圣母优雅、宁静、婉约;她怀中圣婴则举起小手赐福给众生;石榴以其充满了丰硕种子而富有双重内涵:一说象征着耶稣的未来充满苦难;一说象征着基督信仰的种子将满布世界。《圣经》中,曾有多处提到石榴,从列王纪、民数记,再到所罗门王写下的雅歌书,都可以看到它的踪迹。在以色列文化中，石榴象征正义，石榴的613颗籽代表613条犹太戒律；石榴象征富饶，所以是住棚节和新年时必吃的水果，提醒以色列人感谢上帝在旷野中赐下的恩典。石榴图案出现在古以色列钱币、所罗门圣殿上。还有学者称伊甸园禁果是石榴不是苹果。石榴还被以色列人称为"救命之果"，是沙漠中解渴的重要食物。

国家标志符号

石榴与地中海和近东地区的文化有着紧密的联系，在这些地区，石榴不仅作为美味佳肴供人们品尝，还是膳食中的一个重要组成部分，受到尊崇并被大大赞赏其药用价值。石榴甚至成为亚美尼亚、以色列、阿塞拜疆等国家的重要标志符号，无论是在古迹遗址，还是现代建筑装饰、服饰、金银装饰、地毯图案、工艺装饰、祭奠器物等等，石榴符号都随处可见。

石榴是膳食重要组成部分　（宋斌摄影）　|←|

土耳其市场石榴工艺品　（侯乐峰摄影）　|↑|

欧洲石榴文化

石榴与赫拉

赫拉是古希腊神话中的天后、奥林匹斯众神之中地位及权力最高的女神，同时也是奥林匹斯十二主神之一，也是诸神之主宙斯唯一的合法妻子，掌管婚姻和生育，捍卫家庭。她的代表性圣物是石榴、布谷鸟、孔雀和乌鸦。她头戴石榴花萼式样的皇冠，一只手紧握权杖，另一只手则紧握着一颗丰硕多子的石榴。

时至今日，石榴作为丰收、多产、幸福的象征，在希腊婚礼、新年、祭祀等重要仪式或节庆仍然是不可或缺的元素。婚礼时，当新娘第一次踏入大门时，就必须将蜜糖抹在门楣上，同时将一个石榴丢向门外，绽开的石榴籽粘在门上，预示着全家走运和发达；新年的早晨，男主人要在家门口摔碎一个石榴，红色的石榴汁象征着给家里的每一个人带来好运，还有的家庭把石榴枝挂在墙上，以示驱除邪恶；乔迁之喜，朋友会送去一个石榴，放在新家祭坛当地下面，作为丰裕、生育和好运的象征；祭奠亲人时，会用煮熟的麦子混合食糖制作石榴饰样，作为贡品。

石榴与维纳斯

石榴与爱情关联，石榴汁有"爱情之饮"的称谓，因为石榴是美神、爱神阿佛洛狄忒（罗马神话中的维纳斯）的象征之一。《伊索寓言》中，阿佛洛狄忒是石榴树的保护神。希腊神话中，塞浦路斯的第一棵石榴树也是她种植的。阿佛洛狄忒有着完美的身段和相貌，象征爱情的美好与女性的美丽。她爱上战神阿瑞斯，并生下了小爱神丘比特。丘比特常常一手持着弓箭，他的箭一旦射入恋人的心上，便会使他们深深相爱；另一手拿着石榴，象征着爱情的天长地久。

石榴与雅典娜

雅典娜是希腊神话中智慧、技艺与战争女神，当她与海神波塞冬大战九个回合后夺取胜利，她也就成了雅典的保护神，为了祭奠，在希腊首都雅典中心卫城山上建起了雅典娜胜利神庙。殿内原有一座大理石的雅典娜女神像，她右手握一颗石榴，左手握着盾牌。相对于石榴在世界各处所表现出的种种象征，它一般不作为雅典娜的标志符号。但是，为什么却手执盾牌与石榴？原来是西蒙为了纪念优列米顿战役中对波斯人的两次胜利，仿照帕拉斯神像而建成，其原型位于优列米顿河边的小城西戴，她手持的石榴也是一种东方地区的象征物。这里，石榴更多的寓意是和平与丰收。

石榴与帕尔塞福聂

希腊神话称石榴为"忘忧果"，形容它的魔力让人忘却过去。荷马史诗《奥德赛》中，讲到奥德修斯在特洛伊战争之后率部返回故乡，途经"忘忧果"之岛，三个水手吃了香甜的"忘忧果"之后，乐不思蜀，不肯离岛。无奈中奥德修斯把他们绑在桅杆上强行起航。

"忘忧果"的魔力连女神也不能逃脱它的摆布。冥王普拉托为帕尔塞福聂（大地女神德米特的女儿）芳姿所倾倒，将她劫入冥府为皇后；诱她吃下一枚石榴，从此忘却了自己的身世，不能脱离冥界。大地女神思女心切，荒废了对大地的管理，大地五谷凋零，长冬肆虐。最后，天帝宙斯出面调停，使帕尔塞福聂每年回人间探母。母女重逢之际，则大地回春，丰登有望。故希腊人对石榴充满虔敬之心，用石榴纹饰的瓶钵，常被作为神庙祭祀的礼器供奉。

石榴与芙蕾雅

芙蕾雅是北欧神话中的美与爱女神，她的丈夫奥都尔对爱情却没有那么专著，出门漫游，不知所踪。她走遍世界，且哭且寻，泪水滴在石上，石为之软；滴在海里，化为琥珀；滴在泥中，化为金沙。因此，黄金又有"芙蕾雅的眼泪"之称，且遍布世界各地。后来，终于在阳光照耀的南方的安石榴树下，找到了奥都尔，那时芙蕾雅的快乐就像新娘一样。为纪念芙蕾雅，时至今日，北欧的习俗，新娘都是戴着石榴花成亲的。

西班牙国花与石榴之城

世界上将石榴花定为国花的两个国家，一个是非洲阿拉伯国家利比亚，另一个则是欧洲国家西班牙。西班牙国徽底部有一个石榴图案，它象征的是15世纪西班牙从阿拉伯人手中夺回的最后一个据点格拉纳达。当年阿拉伯远征军跨过直布罗陀海峡到达欧洲，并在包括格拉纳达在内的伊比利亚半岛上安营扎寨，占据当地达数百年之久。阿拉伯人在引入先进文化的同时，也带去了家乡的植物，其中就包括石榴。格拉纳达因此被称为"石榴之城"，其城市徽章中有石榴的图案，至今仍出现在街道和公共建筑上。

意大利石榴雕塑 （宋斌摄影）

印度石榴文化

石榴与佛教

与菩提树、棕榈、莲花等一样，石榴也是与佛结缘的植物。

在佛教中，石榴通常以神化的形象出现，往往和比作圣树棕榈的叶和圣花莲花的枝叶结合在一起，一般被安排在莲花座上，两侧配以棕榈和莲花的枝叶，象征着吉祥如意。也有人称石榴、茉莉、瑞香、忍冬为佛教的四大圣树。

佛教认为石榴可破除魔障，故称石榴为"吉祥果"，又名"子满果""颇罗果"。诃利帝母、叶衣观音、孔雀明王、七俱胝佛母均以吉祥果为其持物。吉祥果又称鬼怖木，乃与息灾相应之物；其花少果多，表示"因行"少而得大果之意。《白宝口抄·持世法》中说："颇罗果"为大石榴，以石榴种子充满其中，又其形体似宝珠，故表增益之意。《诃利帝母法》中说：吉祥果石榴，又名子满果，是财福圆满义也，故就增益修之也。瞿醯经奉请供养品曰：其果子中，石榴为上；于诸根中，毗多罗根为上。《陀罗尼经》上说：取石榴枝寸截一千八段，两头涂酪蜜，一咒一烧尽千八遍，一切灾难悉皆除灭。

洛阳白马寺是佛教传入中国后兴建的第一座寺院，有中国佛教的"中国第一古刹""祖庭"和"释源"之称。《洛阳伽蓝记》记载：京师又语称"白马甜榴，一实值牛"。所以有学者认为石榴可能是通过佛教而传入中国的。

石榴与鬼子母神

以吉祥果为持物，最著名的是鬼子母神，她是夜叉女之一，梵名音译作诃帝利母，意译又作欢喜母、鬼子母、爱子母。鬼子母神原为婆罗门教中的恶神，哺育五百个孩子。但她杀人儿子，以自啖食。佛祖度鬼子母向善，赐予她石榴作为代替。从此不但不再危害世人，并拥护三宝及守护幼儿。诃利帝母法主要为祈求生产平安之修法，此外尚能除一切灾难恐怖，令获安乐，满一切愿。

鬼子母常见造型为左手怀抱爱子，右手持石榴，姿态端丽丰盈。关于其手持有此果之原因，一说谓因石榴一果内有五百子，故以之象征鬼子母神嫁与半支迦药叉，所生的五百子。另一说谓因鬼子母神居王舍城内，不再食他人幼儿后，屡以石榴代替。故后世传说乃谓其手持此果。石榴一花多果，一房千实（子），因此又称鬼子母为千子之母。

东汉时期，鬼子母信仰随佛教进入中国内地，其多子的特点与中国传统文化中的九子母不谋而合，遂融为一体。北宋时期，怀抱婴儿的鬼子母形象，似与中国民间宗教中的一位新神——送子观音产生某种融合，并对朝鲜半岛和日本民间宗教产生重大影响。在日本，鬼子母被称为"子安观音"或"子安神"，是保佑怀孕、顺产而供奉的儿童守护神。子安神崇拜对日本古典艺术产生过深远影响，其传世书画中有许多鬼子母或子安神像。日本醍醐寺收藏有13世纪的诃梨地母女神画像，右手握着一枝对生石榴，顶端是一朵鲜艳的石榴花。

石榴与叶衣观音

叶衣观音之持物中亦有吉祥果。在《白宝口抄·叶衣法》中说：吉祥果者，诸师异义不同也，今师资相承云：石榴也，其形圆表宝珠之体，是施愿圆满义也，又数子满内，是大慈覆护众生义也，故此三形息灾增益之两义也。或石榴云鬼怖木，是有降伏之义欤。或云石榴者增益义也。

佛意着青山 （吴成宝供图）

参考文献

鲍平，2016. 像石榴籽一样紧紧抱在一起［N］. 兵团日报（汉），2016-8-18（2）.

曹尚银，侯乐峰，2013. 中国果树志·石榴卷［M］. 北京：中国林业出版社.

曹又允，2009. 从符号学角度解析中国民间剪纸艺术［D］. 无锡：江南大学.

常樱，魏卓，2016. 海石榴纹的形成过程及原始意义探讨［J］. 装饰，（4）：105-107.

陈建宪，林继富，2005. 中国民俗通志：民间文学志［M］. 济南：山东教育出版社.

陈勤建，2007. 中国民俗学［M］. 上海：华东师范大学出版社.

陈舜臣，2009. 西域余闻：丝绸之路奇闻轶事［M］. 吴菲，译. 桂林：广西师范大学出版社.

陈兴佳，2014. 石榴的起源及其在中国的传播［D］. 泰安：山东农业大学.

陈友义，2009. 植物在潮汕民俗中的应用及其文化审视［J］. 汕头大学学报（人文社会科学版），25（4）：
    84-88，96.

崔璨，李鹏，窦乐乐，2018. 石榴纹家具装饰工艺的视觉艺术性研究［J］. 工业设计，（10）：50-51.

崔荣荣，牛犁，2011. 民间服饰中的"乞子"主题纹饰［J］. 民俗研究，（2）：129-135.

丁涵，2018. 晋前丝绸之路引入异域水果考——以魏晋赋为中心［J］. 山东师范大学学报（人文社会科学
    版），63（5）：56-69.

董铮，2014. 从《簪花仕女图》看唐代贵族女子服饰［J］. 美术大观，（6）：68.

杜丽玮，2013. 尊崇自然的唐代女子服饰艺术美及影响探索［J］. 兰台世界，（31）：145-146.

方李莉，2003. 安塞的剪纸与农民画［J］. 文艺研究，（3）：122-130.

费琼，2013. 以植为绘——华清宫传统园林植物的山水意境表现研究［D］. 西安：西安建筑科技大学.

冈本顺子，冈本浩子，1998. 石榴的惊人神效［M］. 台北：大展出版社.

顾希佳，2001. 礼仪与中国文化［M］. 北京：人民出版社.

关传友，2001. 中华竹文化概览［J］. 竹子研究汇刊，（3）：48-51.

郭慧珍，2012. 中国古代文学石榴题材与意象研究［D］. 南京：南京师范大学.

郭茂全，2018. 丝绸之路上的植物"旅行"及其艺术表征——以石榴为例［J］. 兰州大学学报（社会科学
    版），46（2）：17-23.

韩键，翁忙玲，姜卫兵，2009. 石榴的文化意蕴及其在园林绿化中的应用［J］. 中国农学通报，25（15）：
    143-147.

韩亮，2016. 陕北民间剪纸艺术研究［D］. 上海：上海大学.

郝兆祥，2010. 石榴在中国民俗文化中的象征意义［A］. 中国园艺学会石榴分会筹备组. 中国石榴研究
    进展（一）［C］. 中国园艺学会石榴分会筹备组：中国园艺学会：6.

郝兆祥，侯乐峰，丁志强，2015. 峄城石榴盆景、盆栽产业概况与发展对策［J］. 山东农业科学，47（5）：
    126-131.

侯乐峰，2014. 石榴农谚话管理［J］. 山西果树，（3）：21-23.

胡良民，1982. 盆景制作［M］. 南京：江苏科技出版社.

—————— 中国石榴文化 ——————

胡蕊娟，2008. 中国传统园林空间种植文化研究［D］. 西安：西安建筑科技大学.

黄强，2007. 中国服饰画史［M］. 天津：百花文艺出版社.

黄秋凤，2013. 魏晋六朝饮食文化与文学［D］. 上海：上海师范大学.

纪炜，2005. 榴开百子寓吉祥——陶瓷器中的石榴纹［J］. 紫禁城，（4）：102-107.

孔荣，2010. 张协诗文研究［D］. 山东大学，2010.

兰宇，田莉，2008. 服装款式中古典与浪漫风格的美学分析［J］. 西安工程大学学报，（5）：583-587.

李丹，2013. 陶艺石榴纹研究［D］. 景德镇：景德镇陶瓷学院.

李丹，杨丰羽，2013. 陶艺石榴纹的空间组合探析［J］. 文学教育（上），（11）：142-144.

李芳，2015. 中西传统服饰植物纹样比较研究［J］. 丝绸，2（6）：54-60.

李宏复，2004. 枕顶绣的文化意蕴及象征符号研究［D］. 北京：中央民族大学.

李焕俭，2008. 怀远石榴［M］. 北京：大众文艺出版社.

李杰，李焕俭，2010. 华夏石榴［M］. 北京：新华出版社.

李曼，2010. 明清时期陶瓷石榴纹装饰特征演变研究［D］. 景德镇：景德镇陶瓷学院.

李蕾，2007. 传统民间剪纸中婚爱繁衍类意象组合造型解析［D］. 开封：河南大学.

李娜，2018. 丝路外来植物与唐代文学［D］. 西安：西北大学.

李蓉，2015. 石榴的本草学研究［D］. 成都：成都中医药大学.

李雪丹，2014. "石榴"的国俗语义探析［J］. 柳州职业技术学院学报，14（3）：59-62.

李怡，潘忠泉，2003. 唐人心态与唐代贵族女子服饰文化［J］. 中华女子学院学报，（4）：54-58.

李玉，王晨，夏如兵，等，2014. 中国石榴栽培史［J］. 中国农史，33（1）：20，30-37.

刘贵斗，程君灵，2005. 话说石榴［M］. 济南：齐鲁音像出版社.

刘贵斗，程君灵，2009. 石榴古诗六百首［M］. 北京：作家出版社.

刘海，蒋淼，杜丹，等，2014. 石榴的本草考证［J］. 中药与临床，5（1）：40-45.

刘一萍，2008. 从仕女画看唐代女子服饰［J］. 四川丝绸，（2）：53-54.

刘永连，2008. 唐代园林与西域文明［J］. 中华文化论坛，（4）：22-28.

马晓东，2013. 解语石榴别样红——试论古典诗词中石榴意象的多重象征意蕴［J］. 辽宁师专学报（社会科学版），（4）：20-22.

毛民，2005. 榴花西来：丝绸之路上的植物［M］. 北京：人民美术出版社.

聂雅丽，2017. 中国传统植物纹样的寓意研究［J］. 今传媒，25（5）：171-172.

庞任隆，1994. 中国临潼石榴文化集萃［M］. 西安：三秦出版社.

沈苇，2006. 榴花西来［N］. 新疆经济报. 2006-8-24.

石云涛，2018. 安石榴的引进与石榴文化探源［J］. 社会科学战线，（2）：119-128，281-282.

宋新建，2009. 河阴石榴［M］. 北京：中国文联出版社.

孙晔，2016. 中国古代植物纹样的象征性［J］. 服装学报，1（2）：228-232.

孙云蔚，1983. 中国果树史与果树资源［M］. 上海：上海科学技术出版社.

唐明阳，2018. 图形文化背景下的石榴纹样解读［J］. 中国民族博览，（2）：186-187.

唐永霞，2006. 中国古代男子的审美意识对妇女服饰的影响［J］. 南通纺织职业技术学院学报，（3）：78-81.

田苗，2005. 唐诗中女性特征物事研究［D］. 西安：西北大学.

王慧敏，2014. 像石榴籽那样紧抱在一起［N］. 人民日报，2014-3-4（4）.

王晶，2008. 潮汕区域文化研究：韩山师范学院大学生学术科技创新成果集［M］. 广州：暨南大学出版社.

王淼，2010. "拜倒在石榴裙下"从何而来［J］. 咬文嚼字，（4）：17-18.

王明远，2010. 千年沧桑话石榴［M］. 北京：九州出版社.

汪小飞，周耘峰，孙龙，等，2008. 石榴的经济与植物文化价值研究［J］. 中国野生植物资源，（4）：29-32，43.

王亚萍，2004. 中国民间剪纸的变迁与发展［J］. 西北民族大学学报（哲学社会科学版），（3）：154-156.

汪燕翎，2004. 佛教的东渐与中国植物纹样的兴盛［D］. 成都：四川大学.

王嫒，2018. 唐代"石榴裙"考辨［J］. 牡丹江大学学报，27（10）：117-121.

魏娜，2010. 传统吉祥图案的民俗心理研究［D］. 河南大学，2010.

乌丙安，2015. 民俗学，从多子的石榴说起［A］. 广东省民俗文化研究会. 民俗非遗研讨会论文集［C］. 广东省民俗文化研究会：广东省民俗文化研究会：6.

夏如兵，徐暄淇，2014. 中国石榴栽培历史考述［J］. 南京林业大学学报（人文社会科学版），14（2）：85-97.

谢天祥，2000. 青浦古桥：江南古桥之萃［M］. 上海：百家出版社.

解晓红，2017. 外来文化影响下的中国传统丝绸植物纹样的流变研究［J］. 现代丝绸科学与技术，32（02）：33-35.

新疆日报评论员，2017. 像石榴籽一样紧紧抱在一起［N］. 新疆日报（汉），2017-1-17（1）.

辛树帜，伊钦恒，1983. 中国果树史研究［M］. 北京：农业出版社.

许嘉璐，2002. 中国古代衣食住行［M］. 北京：北京出版社.

徐玲，2014. 中国古代植物的文化意义生成方式研究［D］. 北京：北京林业大学.

徐暄淇，2014. 中国古代石榴栽培史研究［D］. 南京：南京农业大学.

闫飞，2010. 刍议新疆石榴纹样演绎中的文化根源［J］. 装饰，（5）：118-119.

颜亮，2016. 石榴裙与石榴花［N］. 西安：西安晚报. 2016-5-15.

杨小岚，2012. 石榴纹艺术符号研究［D］. 株洲：湖南工业大学.

殷俊，2009. 关于民间艺术中吉祥题材的思考［J］. 黄冈师范学院学报，29（5）：88-89.

尹娜，2015. 中、欧石榴纹样艺术特征比较［J］. 丝绸，52（6）：48-53.

俞香顺，2004. 海榴辨［J］. 文学遗产，（2）：142-144.

袁洁，2013. 佛教植物文化研究［D］. 杭州：浙江农林大学.

苑兆和，吕菲菲，2018. 石榴文化艺术与功能利用［M］. 北京：中国农业出版社.

苑兆和，尹燕雷，朱丽琴，等，2008. 石榴保健功能的研究进展［J］. 山东林业科技，（1）：91-93，59.

曾丽伟，2017. 明清石榴纹在服装设计中的应用研究［D］. 天津：天津工业大学.

张勃，荣新，2007. 中国民俗通志·节日志［M］. 济南：山东教育出版社.

张建国，方躬勇，2007. 中国石榴文化概览［J］. 中国果业信息，（11）：9-16.

张立华，郝兆祥，董业成，2015. 石榴的功能成分及开发利用［J］. 山东农业科学，47（10）：133-138.

张璐，苏志尧，倪根金，2005. 民族植物学的应用研究溯源［J］. 北京林业大学学报（社会科学版），（3）：35-39.

张懋镕，1988. 绘画与中国文化［M］. 海口：海南人民出版社.

张茜，2010. 唐朝植物纹样应用研究［D］. 武汉：武汉理工大学.

张时空，2015. 各民族要像石榴籽那样紧紧抱在一起［N］. 内蒙古日报，2015-09-28（5）.

张宪昌，2006. 石榴崇拜考析［J］. 聊城大学学报（社会科学版），（5）：104-106.

张显会，周杨晶，2016. 石榴的民族植物学［J］. 中国野生植物资源，35（2）：57-60.

张晓娜，2012. 六朝植物赋研究［D］. 济南：山东师范大学.

张晓霞，2005. 中国古代植物装饰纹样发展源流［D］. 苏州：苏州大学.

张勇华，2010. 魏晋花果草木赋研究［D］. 湖南师范大学，2010.

张琮卉，2015. 从几株石榴管窥徐渭大写意绘画魅力［J］. 大众文艺，（9）：68-69.

郑昕，2017. 中国和西班牙的石榴文化［J］. 安徽文学（下半月），（9）：114-116.

周吉国，2010. 石榴裙考［J］. 兰台世界，（19）：34-35.

周苏平，2000. 唐代女子服饰略说［J］. 华夏文化，（4）：11-13.

周武忠，2004. 心境的栖园——中国园林文化［M］. 济南：济南出版社.

朱惠勇，2000. 中国古船与吴越古桥［M］. 杭州：浙江大学出版社.

中国石榴文化